第6章
矢量图形元素的整合与编辑

第7章
矢量图形增效功能

第8章
Adobe Illustrator文字功能

第9章
Adobe Illustrator综合实践

计算机辅助设计

JISUANJI FUZHU SHEJI

第1章

P A R T 1

计算机图形基础知识

本章是计算机图形的基础理论知识，这部分内容理论性较强，但这些理论都与实践密切相关。理论是计算机图形处理软件操作的基础，只有掌握了它们，才能灵活自如地使用图形软件。

学习目标：掌握计算机图形软件相关的主要理论知识。

学习重点：点阵图与矢量图、像素、色彩模式、分辨率。

1.1 点阵图与矢量图

学习要点 点阵图、矢量图、像素。

计算机图形软件所处理的平面图形有两种类型，一类是点阵图，一类是矢量图。Photoshop是以处理点阵图为主要工作的软件，而Illustrator是以处理矢量图为主要工作的软件，二者功能互补，各有所长。

点阵图又称位图或像素图，是最基本的图形类型，由一系列小方格组成，这些小方格被称为像素，像素是构成点阵图的最小单位。像素是矩形的，一般情况下都是正方形的（如图1-1~图1-2）。在一个像素内，最多只有一种颜色。像素也可以因为透明而没有颜色。

▲ 图1-1

▲ 图1-2

像素的数量决定一幅点阵图的细节层次与清晰度，理论上说，像素的数量决定图像所占磁盘存储空间的大小。

矢量图则用一系列计算机指令，用几何学的方法来描述和记录一幅图，它所记录的是对象的几何形状、线条粗细和色彩等。矢量图描述图片的方式是以轮廓线的形状、内部填充和描边属性这些内容来进行的（如图1-3、图1-4）。

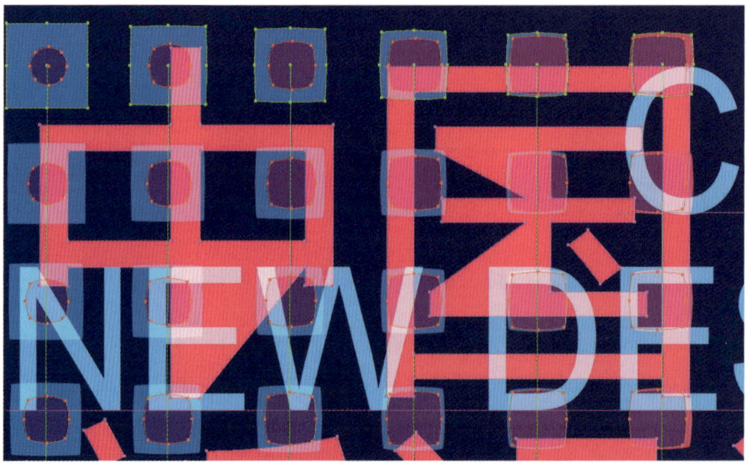

▲ 图1-3

点阵图拥有丰富的色彩和微妙的变化（如图1–5），所有的照片都是点阵图；矢量图则显得严谨简洁（如图1–6），大部分的标识、字体和排版都是矢量图。由于点阵图是最基本的图形格式，矢量图在电脑显示器上都是转换为点阵图呈现的。

▲ 图1–4

▲ 图1–5

▲ 图1–6

由于点阵图可以让每个像素拥有一种颜色，所以点阵图的色彩层次可以十分丰富，达到或接近人类视觉的极限；而矢量图的色彩是由设计师人工设定，所以色彩是有限的。矢量图描述形状的方式简单，较容易达到很高精度，所占据的磁盘空间与CPU资源都比较少；而点阵图描述形状的方式复杂，想达到较高精度必须增加像素数量，所以它占据的磁盘空间较多，在运算时占用CPU的资源也很多。二者的主要区别如表1–1所示。

表1–1　点阵图与矢量图的区别

	色彩层次	精度	主要应用领域	占用资源	常用软件
点阵图	十分丰富	一般且受限较多	照片，插画	多，大图极多	Photoshop
矢量图	有限	高且受限较少	标志，字体，插画	少	Illustrator，CorelDraw

1.2 色彩模式

学习要点 RGB色彩模式、CMYK色彩模式、灰度色彩模式、索引颜色色彩模式、拾色器。

每一个颜色都有色相、饱和度（纯度）、明度这三个要素，这是人们理解色彩的基本理论框架。而色彩模式是用来决定色彩的转换和使用方式的计算机色彩标准，比如RGB模式主要用来显示，而CMYK模式则用于四色印刷。

在Photoshop和Illustrator里都有RGB、CMYK色彩模式，在Photoshop里还有更多的色彩模式（如图1–7）。

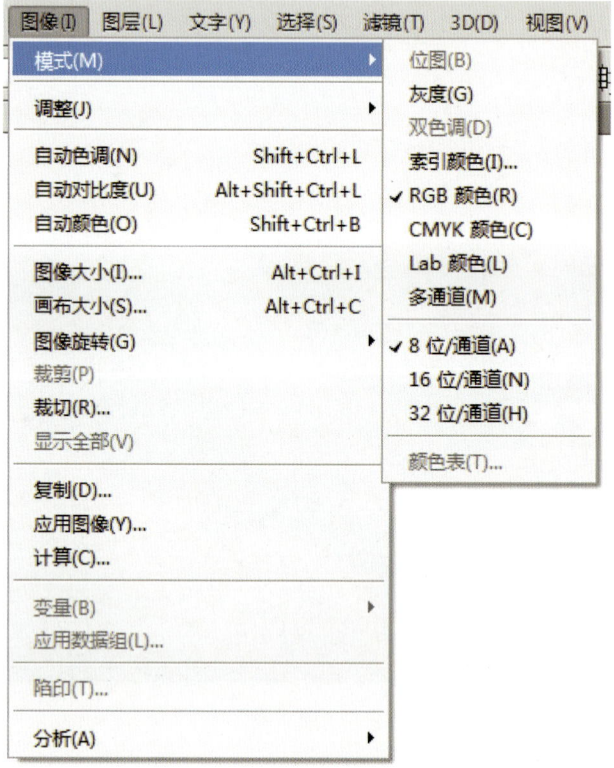

▲ 图1–7

1.2.1 RGB色彩模式

RGB是显示器的色彩模式。由三原色红（R）、绿（G）、蓝（B）构成（如图1–8），这和色相环上红、黄、蓝三原色不同。

任何色彩在显示器上都是由R、G、B三色色光混合而成。三色均被划分为0~255共256个明暗色阶。由于是色光混合，色值越大颜色越浅。0最深，可以理解为黑色；255最浅，是原色的最大值。其他颜色为0，R的值为255，这就是红色（如图1–9）。三种原色都达到最大值，则显示白色（如图1–10）。

RGB色彩模式主要用于显示，也可用于打印和喷绘。RGB色彩模式可以显示所有的计算机屏幕颜色。

▲ 图1–8

▲ 图1-9

▲ 图1-10

1.2.2 CMYK色彩模式

CMYK色彩模式是四色印刷色彩模式。最常见的彩色印刷是用青（C）、品红（M）、黄（Y）、黑（K）四色套印而成。CMYK色彩模式是为了适应四色印刷模式而出现的。

四色印刷可以印出成千上万种颜色，放大这些印刷品来看，这些颜色都是由四种颜色的墨点构成的（如图1-11）。CMYK的色彩混合，有色料混合，也有色光混合（如图1-12）。

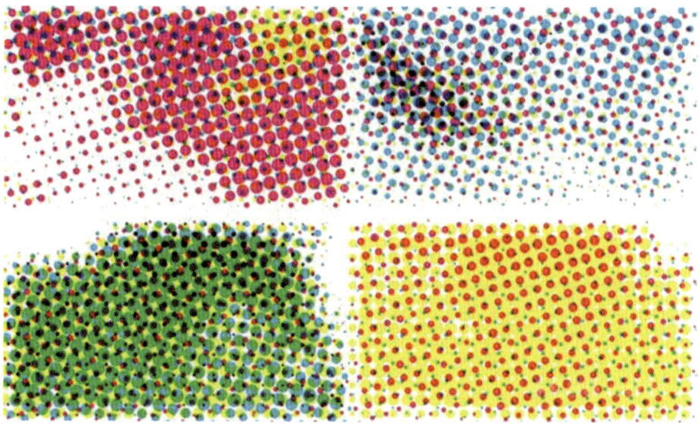

▲ 图1-11

▲ 图1-12

CMYK色彩模式与RGB色彩模式相反，数值越大，颜色越深。CMYK是用百分比表示的，最大数值为100%，最小数值为0%（如图1-13）。一个印刷品要经过四次印刷，分别用四个版在同一个介质上印刷四种颜色，这样才能混合出成千上万种颜色（如图1-14）。

注意

有些软件不能正确显示CMYK色彩，会出现不自然的颜色。用于显示的图片不要使用CMYK色彩模式。

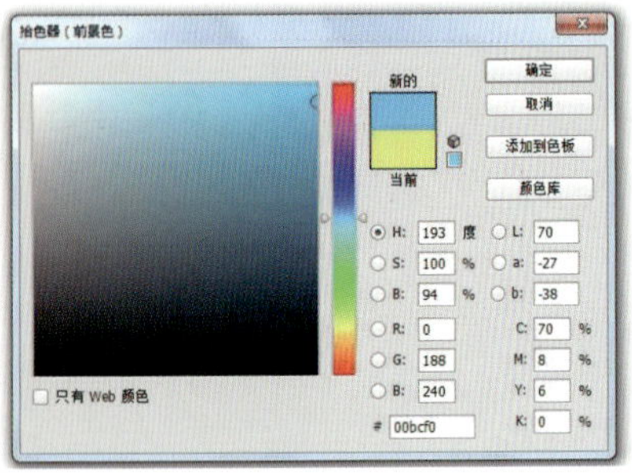

▲ 图1-13

▲ 图1-14

1.2.3 Lab色彩模式

Lab模式既不依赖光线，也不依赖颜料，它是由国际照明委员会（CIE）组织确定的一种理论上包括了人眼可以看见的所有色彩的色彩模式。Lab模式弥补了RGB和CMYK色彩模式的不足。

Lab模式所定义的色彩最多，与光线及设备无关，并且处理速度与RGB模式同样快，比CMYK模式快很多。因此，可以放心大胆地在图像编辑中使用Lab模式。而且，Lab模式在转换成CMYK模式时色彩没有丢失或被替换。因此，最佳避免色彩损失的方法是应用Lab模式编辑图像，再转换为CMYK模式打印输出。

当你将RGB模式转换成CMYK模式时，Photoshop自动将RGB模式转换为Lab模式，再转换为CMYK模式。在表达色彩范围上，处于第一位的是Lab模式，第二位的是RGB模式，第三位的是CMYK模式。

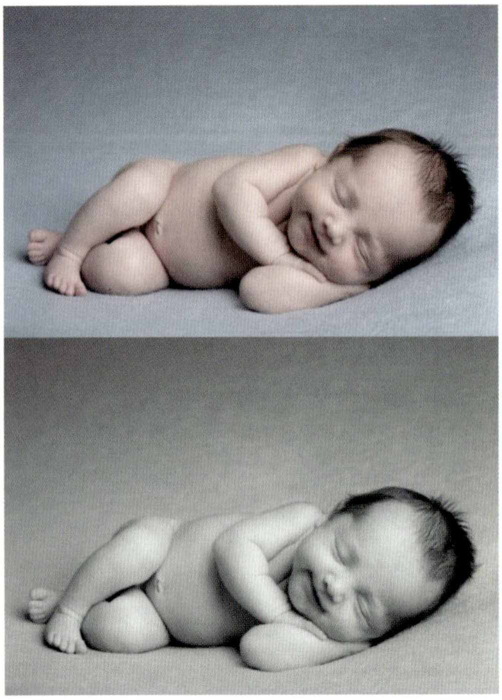

▲ 图1-15

1.2.4 灰度和索引颜色色彩模式

灰度和索引颜色都是减少了色彩范围的色彩模式。

灰度色彩模式类似黑白照片效果，是去除了有彩色的色彩模式。将RGB或CMYK模式的图像转为灰度，可以得到一种标准的黑白照片的效果。灰度模式有256度灰阶，可以用来表达高品质的黑白图像（如图1-15）。

索引颜色是一个色彩有限的色彩模式，索引颜色支持最多256种颜色（可以设置更少）。索引颜色图像颜色较少，所以文件占用存储空间较小，但索引颜色无法描绘细腻的色彩过渡（如图1–16）。这种色彩模式可以造成一种怀旧的效果。

▲ 图1–16

1.2.5 位图色彩模式

位图模式是包含信息最少的色彩模式，自然也是占用磁盘空间最少的图像，它只有黑色和白色两种色彩，没有灰色，更没有其他颜色。

在Photoshop中，想把图片转成位图模式，需先将其转成灰度模式，然后才能变为位图模式。早期的计算机系统使用这一颜色主要是为了节省资源，由于位图模式在将灰度图变为黑白网纹的过程中可以制造多种效果（如图1–17），后来这一模式经常被用来创造类似老式印刷或者版画等特殊的肌理效果（如图1–18）。

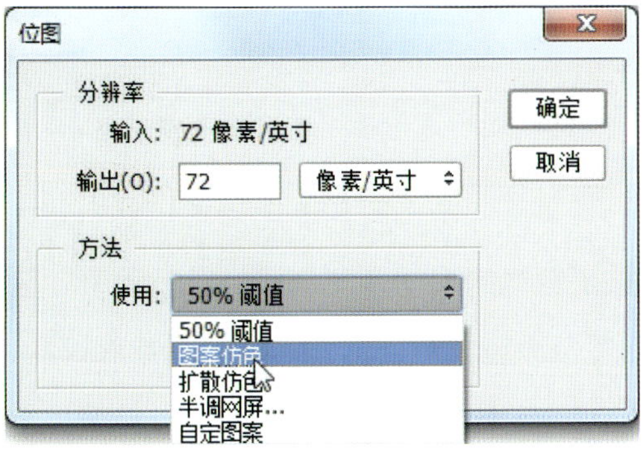

▲ 图1–17

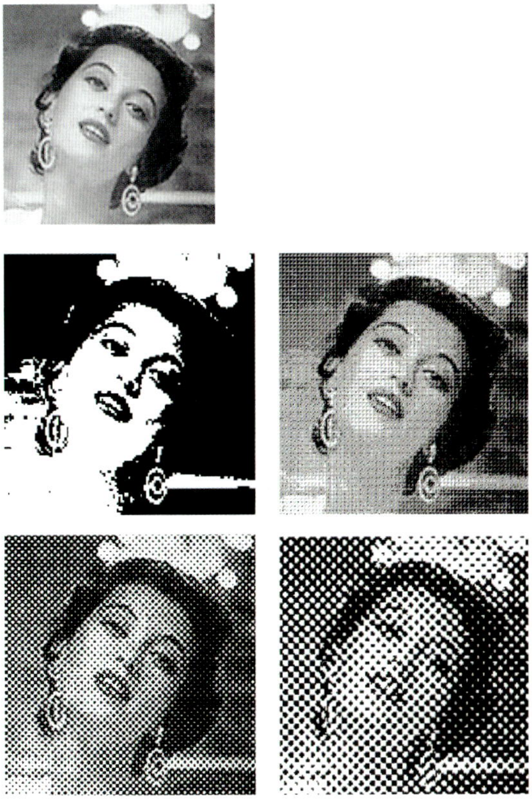
▲ 图1–18

1.2.6 拾色器

Photoshop和Illustrator都有拾色器，这是使用颜色的基本工具。在这两个软件里，拾色器都可以通过点击工具栏下方的“设置颜色”图标调出。Photoshop的拾色器功能更为强大，下面就以Photoshop的拾色器为例讲解。

Photoshop的拾色器提供了HSB、Lab、RGB、CMYK四种色彩模型，其中HSB、Lab、RGB三种色彩模型可以直接在左侧大面积的拾色色域中拾取，而CMYK模式必须手动输入数值（如图1–19）。

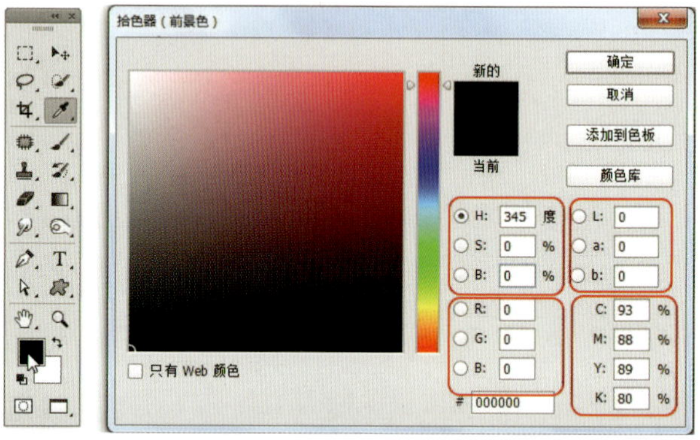

▲ 图1–19

一般设计师都用HSB模式调色，它对应着人们对色彩的习惯性理解：色相、饱和度（纯度）、明度三元素。一般选中H项，这样大面积的拾色色域右边的滑动条就代表着色相，滑动它则改变色相，不滑动则色相不变。在拾色色域中，左上角为白色，右上角为纯度最高的颜色，左下角与右下角均为黑色。在这个色域中，基本规则是上方明度高，下方明度低，左方饱和度低，右方饱和度高。由于纯度与明度之间存在矛盾，相互制约，所以这个基本规则是受影响的。

在色相滑动条右侧“新的”颜色与“当前”颜色的右侧，有时会出现一个警告标志，这是“溢色警告”，表示RGB色彩模式下可以显示，但在CMYK模式下没有对应的颜色，所以这一色彩无法印刷（如图1–20）。

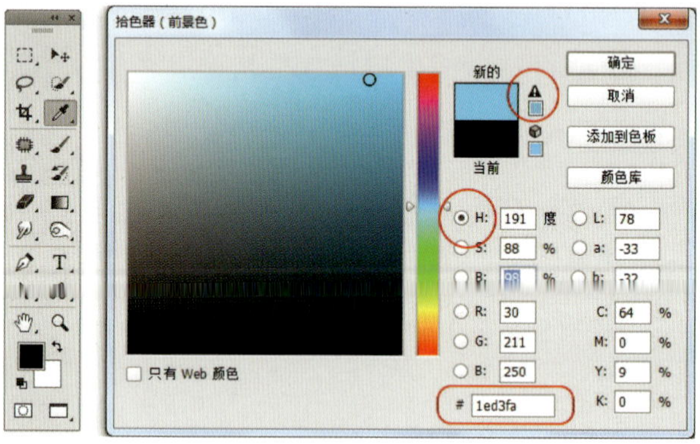

▲ 图1–20

另外，在拾色器最后一行，符号“#”右侧方框内的字符是用十六进制值来指定颜色，这个功能主要用于指定网页与软件界面上的颜色。

1.2.7 通道

计算机不理解颜色，只处理数据。它就好比一支画笔，画画时用画笔只能控制力量大小和沾颜料的多少，至于画出来的是什么颜色，那是颜料的事。颜色对于计算机而言，只是有各种标签的灰度图像，各个灰度图像分别对应各个原色。灰度图像经由显示或者打印，转换为各个原色的深浅，并且进行叠加混色，于是呈现出成千上万种颜色（如图1–21）。

▲ 图1-21

计算机用于存储不同类型信息的灰度图像被称为通道。通道不仅仅处理颜色信息，也用于处理诸如透明或选区等方面的信息。在Photoshop里，灰度图、透明度与选区的羽化程度三个概念是可以相互转化的，这个问题后面还要专门讲解。

1.3 图像分辨率

学习要点 分辨率的概念、常用分辨率的数据。

人们可以从两个角度对图像的大小进行理解，一个是图像在计算机内部的存储大小，另一个则是图像在现实物理空间中的尺寸。在计算机内部的图像大小是指图像占据磁盘空间的大小，而对于点阵图来说，图像大小的一个重要决定性因素就是像素。图像在现实物理空间中的尺寸，也是图像被投影到屏幕上或被印刷到纸张上的大小。

由于各种设备及对设备使用方式的差别，同样像素数量的图像应用到现实物理空间中的尺寸并不一样。于是衡量这一要素的概念就被提出来了，这个概念就是“分辨率”，分辨率的计算公式如下。

分辨率＝图像像素数 ÷ 图像在物理空间中的尺寸

可以把分辨率理解为“像素在物理空间中的密度”，这是一个计算机数据和现实空间混合的一个比值。它的单位是“像素/英寸（ppi）”。

不同的介质对图像分辨率的要求是不同的：

一般电脑显示器的分辨率是72ppi（像素/英寸），所以每一种终端都有一个最佳显示像素数：19英寸的显示器一般显示1440×900个像素；而4.7英寸的iPhone 6则显示1334×750个像素，其分辨率（像素密度）为326ppi；5.5英寸的iPhone 6显示1920×1080个像素，其分辨率为401ppi。

> **注意**
>
> 为了描述电子产品的显示像素数，也使用分辨率这一概念，例如，iPhone X的分辨率为2436×1125个像素。但这个概念与我们现在所说的ppi是不相同的，不要混淆。

一般的四色印刷文件都需要达到300ppi的分辨率，有时需要达到600ppi。灯箱布的喷绘往往达到72ppi的分辨率或者更低就够了。

Photoshop软件可以通过“图像大小”操作来改变图像的像素数。不但可以减少图像的像素数，也可以增加像素数。

但是，由于新增加的像素数是电脑用平均计算的方法插值进去的，这些加了新像素的图像并不具备一幅优质的图像所需的色彩细节，所以用“图像大小”或其他操作来增加图像的像素数，往往会造成图像质量的下降。

因此，Photoshop操作的第一条原则是：除非已经掌握了特殊的方法，原始素材图片在使用的过程中，原则上只可以减少像素数，不可以增加像素数。

1.4 常用文件格式

学习要点 常用文件格式及其特点。

在Photoshop和Illustrator两个软件中，主要的图形文件格式有：psd、tif、jpg、gif、png、ai、pdf等。其中psd是Photoshop的专用源文件格式，ai是Illustrator的专业源文件格式。其余文件格式为公共格式，其中以jpg、gif、png、pdf四种格式尤为常用。它们的特点如表1–2所示。

表 1-2　常用文件格式及其特点

文件格式	图像类型	编辑性特征	色彩模式	文件大小	应用领域	其他
psd	点阵图	Photoshop源文件，可在最大限度上保留操作的可逆性	可用所有的色彩模式	无压缩，文件巨大	Photoshop源文件，不能很好地支持显示和印刷	—
tif	点阵图	可以是Photoshop源文件，可在最大限度上保留操作的可逆性	可用所有的色彩模式	无压缩或无损压缩，文件大	标准的印刷文件	—
jpg	点阵图	非源文件，不能保留操作的可逆性	可用所有的色彩模式	有损压缩，文件小	标准的显示文件，不标准的印刷文件	不支持透明，不支持动画
gif	点阵图	非源文件，不能保留操作的可逆性	只能用索引颜色色彩模式	有损压缩，文件小	标准的显示文件	支持透明，但不支持渐变透明，支持动画
png	点阵图	非源文件，不能保留操作的可逆性	除CMYK以外的色彩模式均可	有损压缩，文件小	标准的显示文件	支持透明，支持渐变透明，不支持动画
ai	矢量图（可内嵌点阵图）	Illustrator源文件，可在最大限度上保留操作的可逆性	支持CMYK和RGB两种色彩模式	—	可用于印刷，但受限较多，建议转存为pdf格式	—
pdf	矢量图（可内嵌点阵图）	可以是Illustrator源文件，可在最大限度上保留操作的可逆性	支持CMYK和RGB两种色彩模式	—	最佳的印刷、打印和电子书文件。内嵌字体，并能保持在不同的平台上格式不变	—

1.5 视图操作

学习要点 界面内容的显示与隐藏、放大或缩小视图、平移视图。

对画面大小的缩放常常引起歧义。一种理解为所进行的缩放是图像本身的大小发生了改变，其像素数或者它对应的物理尺度发生了改变；另一种理解为图像本身并没有改变，仅仅是视图发生了改变，就如同我们用放大镜看物体并不会真正改变物体的大小一样。

这一部分所讲的缩放，都是指视图的缩放，这些操作只是改变我们查看图像的方式，不会改变图像本身。

在Photoshop与Illustrator中的视图操作大体上相同，差异很小。现在以Photoshop为例进行讲解。

表1-3　Photoshop的视图操作

操作名称	快捷键	说明
屏幕模式切换	F键	依次切换三种状态：标准屏幕模式，有菜单栏的全屏，全屏
隐藏菜单	Tab键	—
平移画面（临时的抓手工具）	按下空格键不松手。	画面全部可以显示出来时，标准屏幕模式画面平移不动，即使最大化也移不动
放大镜	Z键，一般不用这个快捷键	按住空格+Ctrl键不松手，拖动鼠标，完成操作后，先松开鼠标左键，再松开键盘
缩小镜	—	按住空格+Ctrl+Alt键不松手，拖动鼠标，完成操作后，先松开鼠标左键，再松开键盘
100%视图	Ctrl+Alt+0	或者双击工具栏里的放大镜工具
整屏显示	Ctrl+0	或者双击工具栏里的抓手工具

1.6 绘图软件的使用原则

学习要点 掌握正确的软件操作方法。

使用软件，一定要有好的工作习惯，这是工作质量的基本保证，同时也是项目管理的必要内容。有些人没有好的工作习惯，文件取名不规范、文件存储位置混乱，有的人甚至长时间操作而不存盘，这些坏习惯会给自己带来难以弥补的损失。在开始学习时，就要严格要求自己，养成好的习惯。

（1）软件操作要求：

①原始点阵图资料，一般不可拉大或增加其像素数。

②对原始点阵图进行缩放变形时，如无特别需要，注意保持其比例关系。

③尽量保证操作的可逆性和可编辑性，合理使用图层和蒙版等工具。

④如不小心因误触导致元素偏移了位置，一定要用Ctrl+Z来改正，不要试图手动移回原位。

⑤经常用100%视图检查文件是否有瑕疵，保持文件干净。

⑥看清楚单位，按照要求制作尺寸大小合适的文件。

⑦矢量图的制作要干净整齐，没有多余的杂点。

⑧矢量图要简洁规范，尽量不要反复修补。

⑨及时存盘，名称规范，位置清晰。

（2）作业存盘要求：

①给每个项目创建一个文件夹，并取好名称。

②以自己的名字和项目（练习）的名字命名文件名，以下划线连接，如：张某_奥运五环.ai。

③如有不同的版本，标明日期，如：张某_奥运五环20180312.ai。

④每个项目（练习）都应保存最大限度分层可编辑的psd或ai源文件。

⑤每个项目都应输出jpg文件，用以显示图像。

⑥每5分钟存盘一次，并且至少保留一个备份。

计算机辅助设计

JISUANJI FUZHU SHEJI

第2章

PART 2

Adobe Photoshop 基本操作

从本章开始学习Photoshop，要规范地使用软件，正确地使用图层等功能，理解选区的意义，为灵活自由地创作与编辑图像打好基础。

学习目标：熟悉Photoshop的界面，能够完成简单的设计任务。

学习重点：图层、选区、通道与蒙版、变换。

2.1 Photoshop界面总览

学习要点 Photoshop的界面布局、工具栏、工具族、功能面板。

Photoshop（以下简称PS）拥有强大而多样的功能，适用于平面设计师、室内设计师、插画师、摄影师、影视后期编辑、界面设计等多方面的工作，同时又保持了很好的使用性和版本连贯性，这主要是因为其界面设计得十分友好。操作界面合乎人们的认知心理，而且界面是智能的，可以根据当前的操作随时改变状态，让界面始终保持一种简洁规范的状态。

PS的界面主要由菜单栏、选项栏、工具栏、工作区、功能面板图标、功能面板等组成（如图2–1）。PS里的大部分功能都可以在菜单栏中找到，这是最全面的功能区。选项栏是一个智能功能区，它是配合工具栏使用的，当一个工具被选取以后。选项栏上的选项会切换成与这个工具相关的参数。

▲ 图2–1

工具栏是各种鼠标操作工具的集中地，工具栏上的工具图标可以表达单独的一个工具，也可以表达一个工具族，当图标右下方有一个黑色的小三角时，表明这个图标后面还有更多工具和图标。通过用鼠标左键点住不松开，可以展开这一族图标，并选取相应的工

▲ 图2-2

具（如图2-2）。工具栏中最常使用的工具是“移动”工具，无论正在使用什么工具，只要按下Ctrl键不松手，都可以临时切换到“移动”工具，松手后自动回到原来所选的工具，这是“移动”工具的快捷键。工具栏最上方有两个并列在一起的小三角形，这是将工具栏折叠为一列或者两列的切换图标。

工作区就是PS处理的对象所在区域，对图像的操作就在这里。功能面板图标是将功能面板折叠之后放置在一起的区域，一般都放置在界面的右边，也可以根据自己的习惯和喜好来调整。点击功能面板图标，就可以调出功能面板。功能面板可以是单独一个，也可以是成组的，通过拖动一个面板到另一个面板上，可以将它们合成一个组。比如“图层”“通道”“路径”三个功能面板就常常被放在一个组里，这样很方便调用。只要找到其中一个，另外两个也就找到了（如图2-3）。

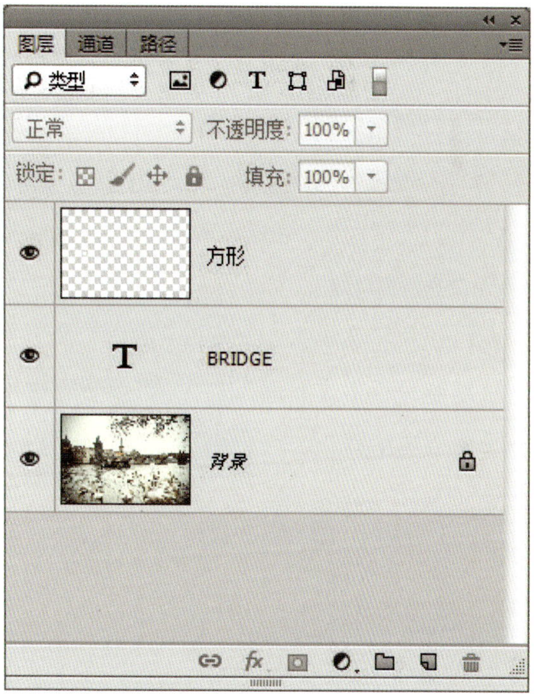

▲ 图2-3

2.2 图层的基本操作

学习要点 图层的意义、图层的操作方法。

在PS操作过程中，任何一个与其他图像有重叠的元素，原则上都要独自占据一个图层。添加任何新的图像内容，都应当先新建图层。

在实际操作中，对于比较有经验的设计师而言，也只有确保在同一图层上的图像内容不会相互干扰，而且不会引发误操作时才会将两个内容放置在同一个图层上。

图层功能是PS最常用的基础功能，图层可以将多个图像叠加在一起，上层图像的不透明部分遮挡下层图像，而透明部分透出下层图像。

其中，背景图层是一种特殊图层。背景图层不能命名，“背景”二字以斜体的形式出现。背景图层不能有透明区域，非背景图层可以包含透明区域，透明区域在PS中以灰白相间的方块图案表示。

2.2.1 图层的建立与转换

边学边练1

（1）新建一个文件，把文件的大小设为800×600像素，色彩模式设为RGB，背景为白色，取名“图层练习1”（如图2-4）。

（2）执行菜单命令“窗口>图层”，调出“图层”功能面板（快捷键为F7），可以看到这是一个功能众多的面板，我们先从创建新图层开始，找到创建图层的图标，点击一下，就可以创建一个新图层（如图2-5）。可以看到，新建的“图层1”是一个空图层，它的图层预览图是一片灰白相间的小方格。

（3）点击“创建新图层”图标旁边的小垃圾桶图标，这是“删除图层”图标，跳出一个对话框，问询是否要删除“图层1”，点“是”就可以删掉“图层1”了（如图2-6）。

知识要点

新建图层、删除图层、给图层重命名、复制图层、图层顺序调整、把背景图层转为普通图层。

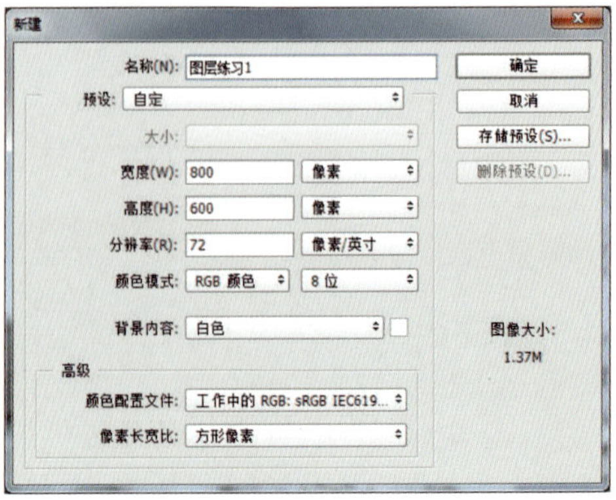

▲ 图2-4

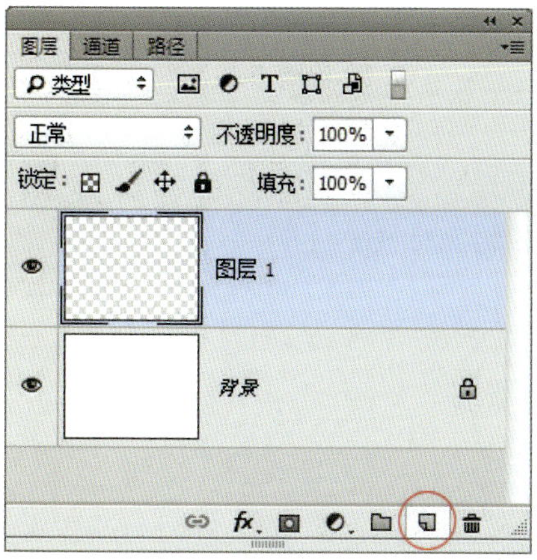

▲ 图2-5

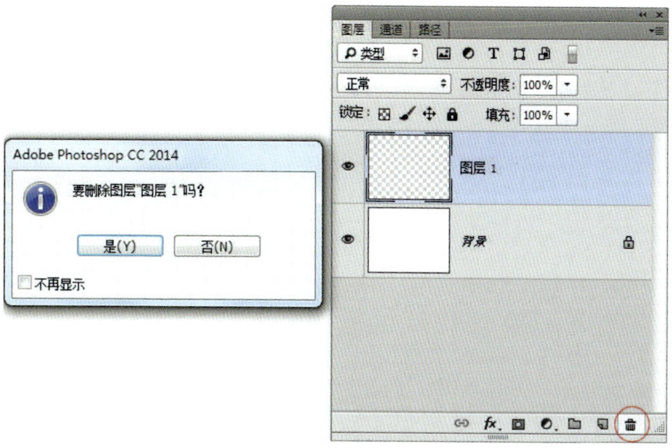

▲ 图2-6

（4）按下“Ctrl+Z”还原刚刚被删掉的图层。这样图层1又回来了，双击“图层1”字样，它变成了一个输入框，在里面输入文字给图层重命名（如图2-7）。

（5）将“空层”图层拖动到下方的“创建新图层”图标上（如图2-8），就可以把“空层”图层复制一份（如图2-9），PS自动给它命名为“空层拷贝”，位于“空层”的上方，这就是复制图层的功能。

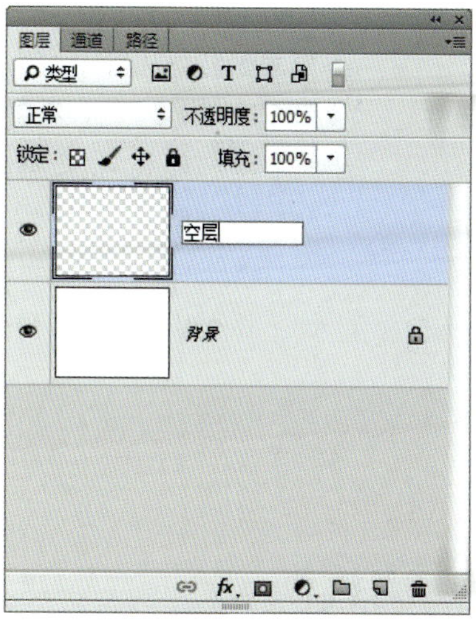

▲ 图2-7

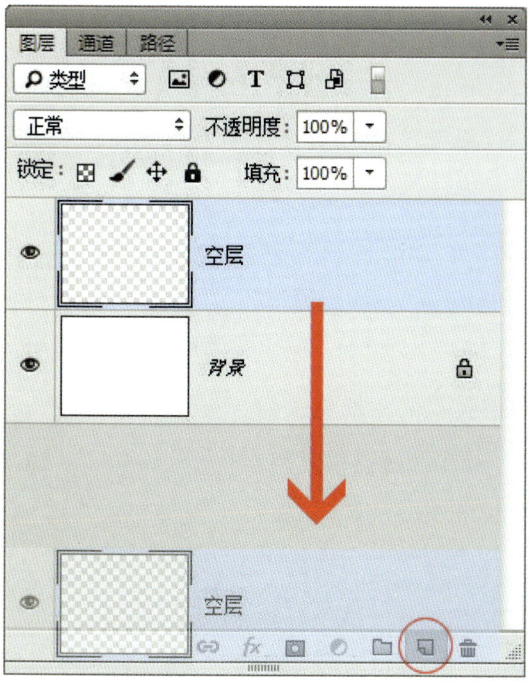

▲ 图2-8

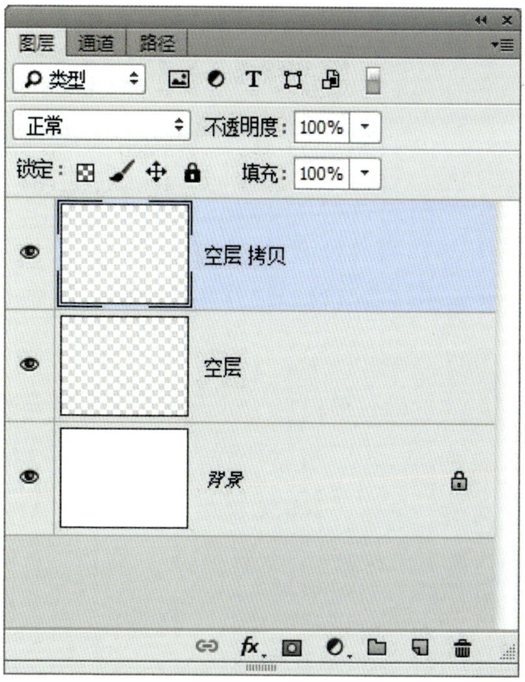

▲ 图2-9

（6）将“空层拷贝”拖动到“空层”和背景图层之间的空隙处，“空层拷贝”移动到了“空层”的下方，这样就改变了图层的顺序（如图2–10）。

（7）双击背景层图标，会跳出一个“新建图层”对话框，要求给图层取名字，默认的名字是“图层0”。这样就把一个背景图层转变为了普通图层（如图2–11）。

（8）把文件存储到合适的位置。

▲ 图2–10

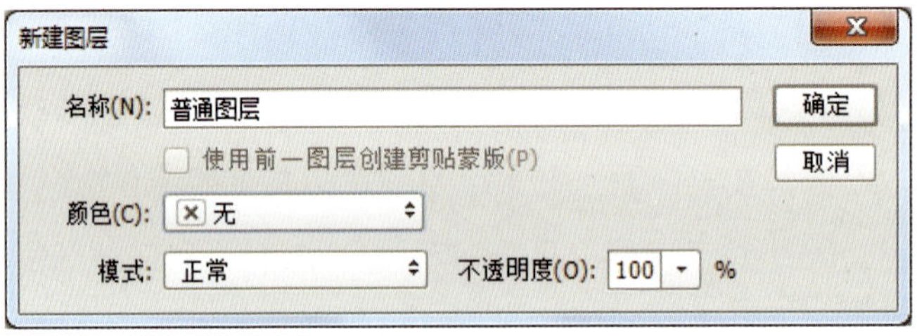

▲ 图2–11

2.2.2 图层的锁定与图层特性

知识要点

锁定图层、置入对象、混合模式、图层样式、图层不透明度、填充的不透明度、填充前景色与背景色。

边学边练2

（1）打开“图层练习1”，用菜单命令“文件→存储为”另行存储一个副本为“图层练习2”。

（2）选中“空层”，点击“创建新图层”图标，建立新图层，并命名为“圆”。

（3）到工具栏中，在“矩形选框”工具一组找到“椭圆选框”工具（如图2–12）。选中图层“圆”，将鼠标指针移动到画面中央的位置，同时按下Alt键和Shift键，按下鼠标不松手，从中心向边缘拖动鼠标指针到合适的位置然后松开鼠标，再松开Alt键和Shift键。这样就做成了一个正圆形的选区（关于选区，后面还要详细讲）。

（4）确保前景色与目前画面的底色不同（如果相同，就更改前景色或者底色）。按下“Alt+Delete”，填充前景色，这个快捷键很常用，要掌握。另外，填充背景色的快捷键是“Ctrl+Delete”，也需要掌握。这样画面中央的一个圆就画好了（如图2–13）。

（5）在选中图层“圆”的情况下，点中图层面板上“锁定”右边第一个小图标，这是“锁定透明像素”图标，此时可以发现，图层“圆”

▲ 图2–12

的面板右端出现了一个锁定的图标（如图2–14）。透明像素被锁定以后，画面上不透明的部分是可以编辑的，但透明部分就不可以编辑了。以此例来讲，就是无论怎么操作，圆形外面的区域是无法操作的，但里面的颜色和内部的形状可以改变。注意，锁定透明时，不透明的区域是可以被删除的。

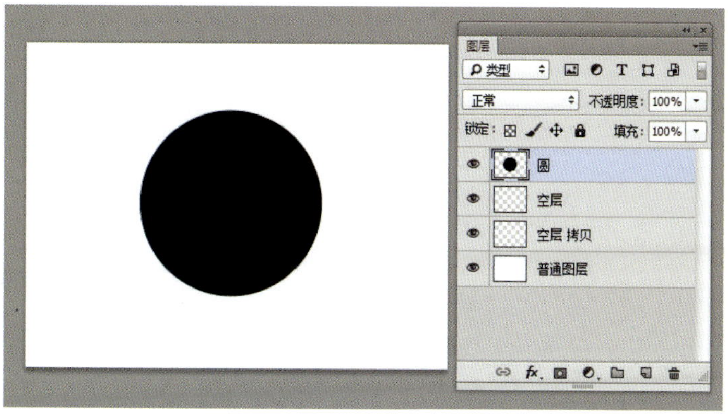

▲ 图2–13

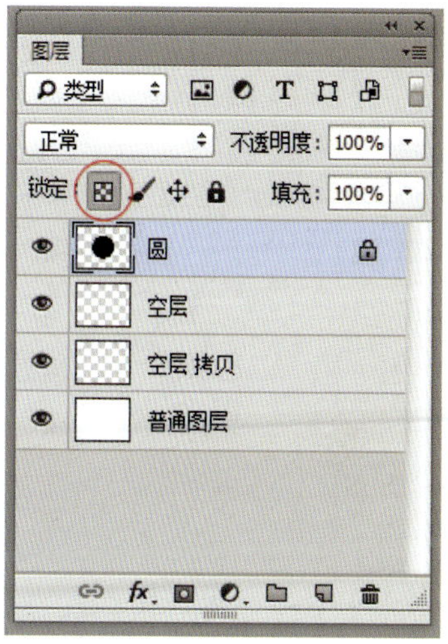

▲ 图2–14

（6）点击“普通图层”预览图最左边的小眼睛图标，隐藏“普通图层”，就可以看到圆形周围的透明区域。然后在工具栏中找到“画笔”工具，到选项栏中调整画笔（包括画笔选择、大小与硬度的调整），把画笔调整到合适的大小（如图2–15）。选取与圆不同的颜色，在上面画线，可以看到透明区域是无法上色的（如图2–16）。

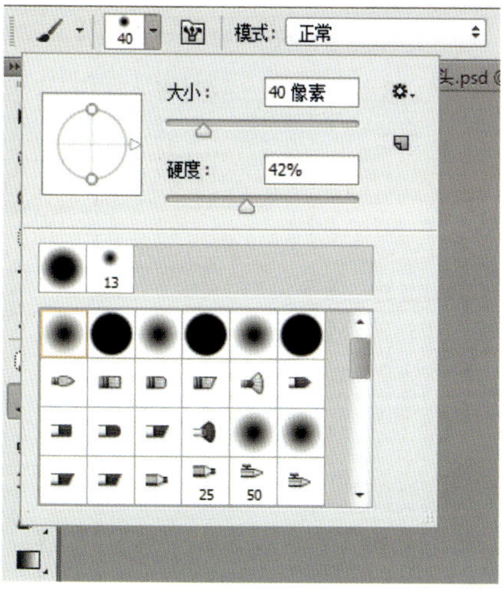

▲ 图2–15

▲ 图2–16

刚刚做的是透明像素的锁定，此外还有锁定图像像素（除了移动外，图像不可编辑）、锁定位置（不可移动）和全部锁定（不可操作）。

（7）执行菜单命令“文件>置入嵌入的智能对象”，在电脑中找一张图片，置入进来。

这时看到置入的图片占据了一个新图层，图层的名称就是图片的文件名。双击画面中心，完成置入（如图2–17）。

▲ 图2–17

（8）将新置入的图层拖动到“空层拷贝”和“普通图层”之间。选中图层“圆”，在“图层”面板上“透明度”的左侧找到下拉菜单，选择“正片叠底”（如图2–18），可以看到图层“圆”上的颜色发生了明显的变化，而且与底图出现了混合。这就是图层的混合模式，PS提供了很多种混合模式，这是经验性的，需要多次实践，才能较好地掌握它们的特点。

▲ 图2–18

（9）将图层“圆”的混合模式恢复到“正常”，点击“图层”面板下部的“添加图层样式”图标“fx”（如图2–19）。分别设置描边和投影，可以给图层“圆”增加样式（如图2–20~图2–22）。

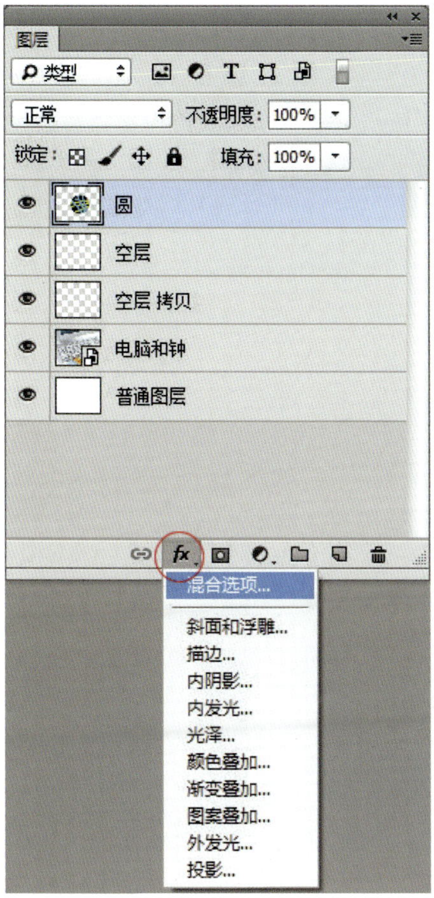

▲ 图2–19

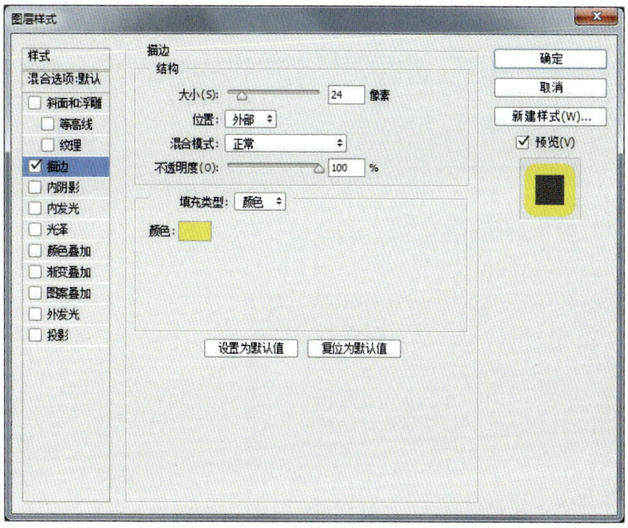

▲ 图2–20

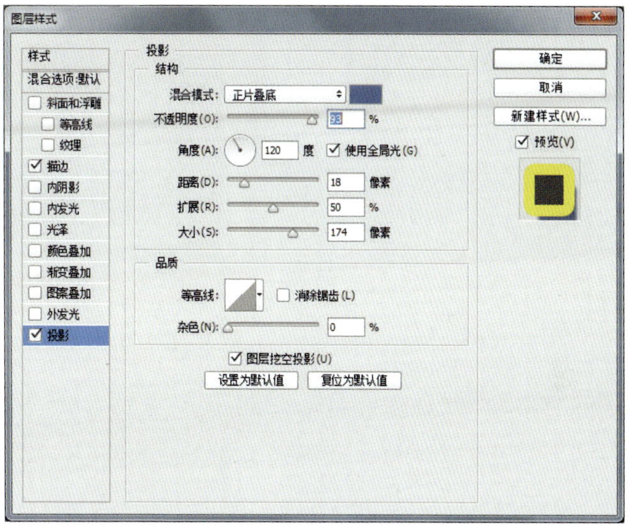

▲ 图2–21

▲ 图2–22

（10）此时，图层“圆”的面板变高了，下面增加了“效果”及其内容。如果想要隐藏这些内容，可以点击前面的眼睛。如果想要删除样式，可以将这一项拖动到下方的垃圾桶里。

（11）建立一个新图层，取名“方形”，用“矩形选框”工具，画一个正方形，然后给它填充颜色。选中图层“圆”，在图层面板上点击鼠标右键，选中“拷贝图层样式”（如图2–23）。然后选中新建的“方形”，在图层面板上点击鼠标右键，选中“粘贴图层样式”。然后点击图层“圆”的面板左侧的小眼睛，隐藏这一层，就可以看清楚“方形”已经应用了“圆”的图层样式（如图2–24）。

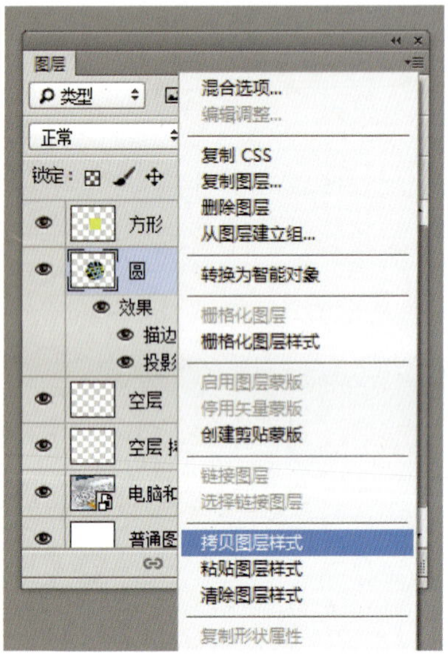

▲ 图2–23

▲ 图2–24

（12）通过调节“图层”面板上的“图层不透明度”数值（如图2–25），可以改变图层的整体透明度，无论填充还是样式，都会改变。也可以调节“填充不透明度”数值，仅仅调节填充的透明度，而样式不变。在本例中，尝试将填充的不透明度降为0%，于是画面上仅存样式，没有填充了（如图2–26）。最后存盘（中途也要记得随时存盘）。

▲ 图2–25

▲ 图2-26

2.2.3 图层的组合与合并

知识要点

链接图层、合并图层、拼合图层、图层组。

边学边练3

（1）先选中“方形”图层，然后按下Ctrl键，再点选刚才置入的图像层（本例中为“电脑和钟”图层），这样两个图层就都被选中了。同时被选中的两个图层是一种临时的链接关系，当使用“移动”工具移动一个图层时，另一个图层也会同时移动。如果在此时，点击“图层”面板下方的“链接”图标，就可以将这两个图层之间的链接固化，形成长久链接，此时，选中其中任何一个图层时，本层面板的右侧会出现“链接图层”图标，而与它链接的图层面板上也会出现相同的图标（如图2–27~图2–28）。

（2）图层之间可以链接，也可以合并。同时选中“方形”图层和置入的图像层，在“图层”面板上找到右上角的面板菜单图标，可以找到“合并图层”选项（快捷键是“Ctrl+E”），这样两个图层就可以合并成一个了。在使用这个功能时，一定要谨慎，因为合并的图层是不可分

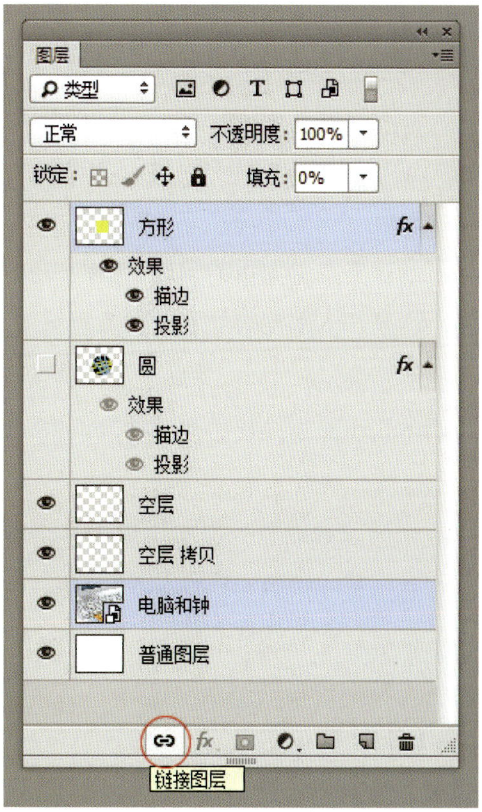

▲ 图2-27

开的，这常常意味着失去了编辑的可能性（如图2–29）。相似的，还有合并可见图层和拼合图像。拼合图像是把所有的图层压缩到一起，而且成为背景层。

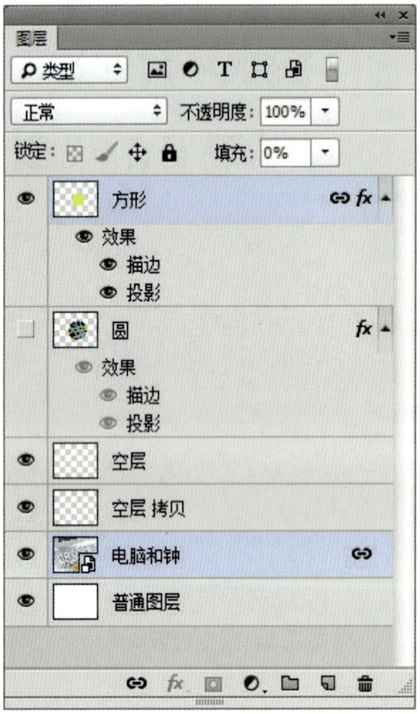

▲ 图2–28

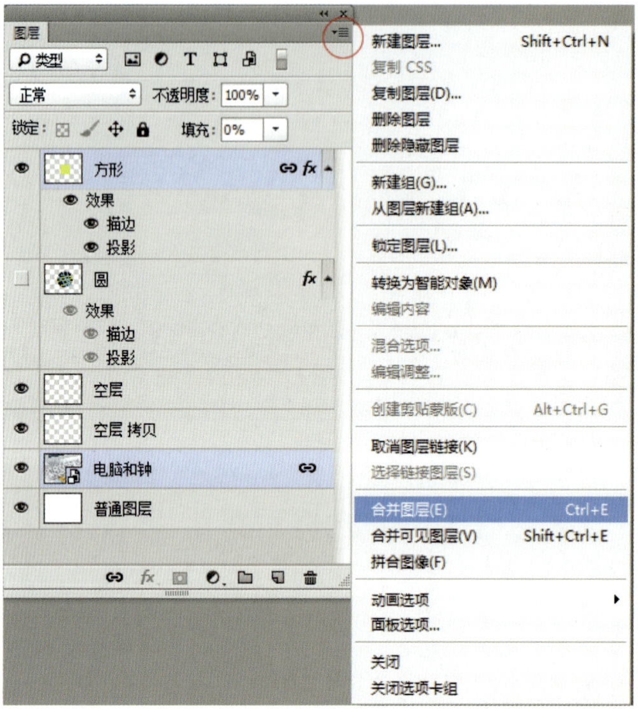

▲ 图2–29

（3）图层组的图标是一个小文件夹，位于“创建新图层”图标的左侧，用来整理多个图层。当选中图层组时，同一组的图层是一起移动的。点击“创建新组”图标，建立了新组“组1”，将“方形”图层和置入的图像层拖入其中，可以看到被拖入的图层的预览面板向右移了半个格，这是加入图层组的表示。图层组上文件夹图标的左侧是一个小三角，小三角的尖端向下，说明图层组是展开状态，所有属于这一组的图层都会在“图层”功能面板上显示出来；如果小三角的尖端向右，说明图层组是折叠状态，所有属于这一组的图层都会在“图层”功能面板上隐藏起来（如图2–30）。

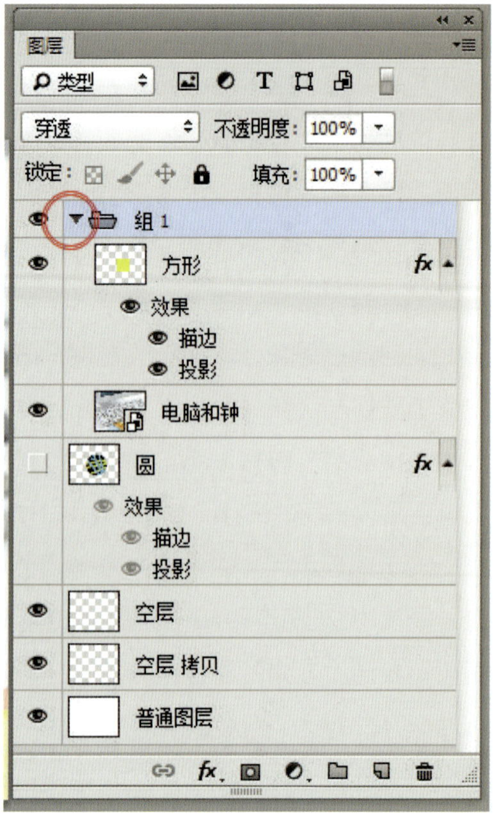

▲ 图2–30

2.3 选区基本操作

学习要点 选区的概念、外观、全选与半选，选区的羽化，选区边缘的可见与不可见。

选区在PS里是一个临时的对象，文件存储是不会存选区的，当然文件的输出和打印也不会有选区边线出现。所有对选区的存储，都是将选区转换为其他元素（如通道、蒙版、像素等），在使用时再转换回选区。

2.3.1 选区的概念、外观、全选与半选

在前面的练习中，我们已经使用过选区了。选区是PS的选择方式，由于PS针对的是点阵图，点阵图如同大量的细沙组成的图画，想要移动或编辑这样的图画，只能采取划分区域整体操作的方法。这就是选区概念产生的基础。

选区的用途主要有两个，一个是区别对待画面，单独编辑画面中的一个局部时，必须用选区把这个区域划分出来，以便操作；另一个用途是可以用选区选中一部分画面的内容，把它单独提取出来，然后与其他图像素材进行融合。

选区的外观可以用一个词形象地来形容：蚂蚁线。选区一般都有一条边线，在PS里这条边线是一条动态的虚线，像是一队蚂蚁在移动（如图2-31）。

▲ 图2-31

一般我们都把图像看成二维平面的事物，为了理解方便，我们可以把图像想象为有一定厚度的纸张。每一个像素除了有面积，还有体积和厚度。我们可以把像素理解为一个正方体。

像素是点阵图的最小单位，从垂直于画面的视线来看，这个正方形不可再分。尽管如此，我们还可以横切像素，让它变薄，这样就取得了不透明、全透明和各种程度的半透明像素（如图2-32）。

▲ 图2-32

由此，选区的状态可以分为全选、半选和不选。可以想象，当半选一个像素时，执行删除操作，那么这个像素会被“切薄”变得半透明，而不会被完全删除。同样，如果复制这个像素，也只能复制“薄薄的一层”，粘贴时得到的是一个不清晰的半透明图像。

2.3.2 选区的羽化

选区不仅可以分为全选、半选和不选状态，而且在同一个选区当中，可以出现不同程度的全选与半选。与之相对应的，在这样的选区作用之下，图像会显示出不同局部出现透明、不透明与半透明的多种状态。选区的羽化是制造这种现象的一个方法。

知识要点

羽化的概念、像素透明与羽化的关系。

边学边练4

（1）从电脑中打开一张图片，在工具栏中找到“椭圆选框”工具，从选项栏找到“羽化”一项，填入合适的数值（如图2–33）。

▲ 图2–33

（2）按下“Shift+Alt”，在图片中画一个圆。先后按下“Ctrl+C”和“Ctrl+V”，复制这个选区里的像素，然后粘贴到一个新图层（图层1，电脑自动生成的图层）里去。这时，隐藏背景层，就可以看到只有图像中心的部分是完全不透明的，图像从中心向边缘逐渐透明，最终完全透明，而且很难判断是从哪里开始变得完全透明的（如图2–34）。

（3）刚才的操作是在工具栏里先设置羽化数值，然后画出选区得到羽化的选区。这个顺序也可以反过来，而且更为常用，原因是这样操作更容易更改羽化程度，下面来试一下。

先显示出背景图层，然后删除图层1，再次找到“椭圆选框”工具，把羽化值设为0，之后画出一个没有羽化的圆形选区。最后执行菜单命令“选择>修改>羽化”，当“羽化选区”对话框弹出后，输入合适的数值，就可以完成选区的羽化了。如果觉得数值不太合适，可以用“Ctrl+Z”，还原上一步操作，回到没有羽化的选区，重新设置，直到满意。

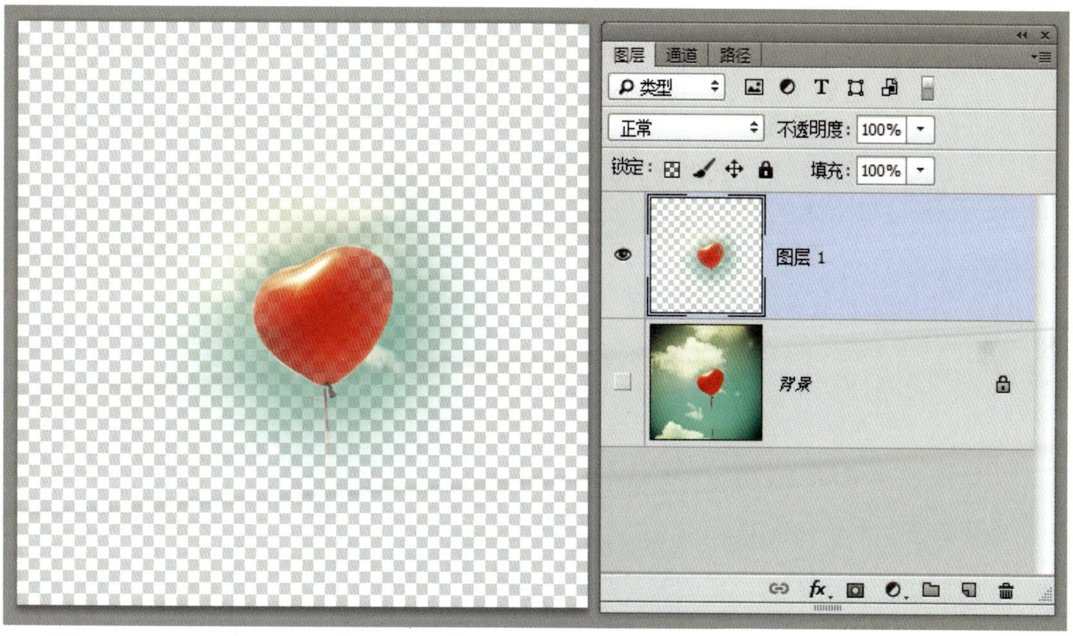

▲ 图2-34

2.3.3 选区边缘的可见与不可见

由于羽化现象，选区的“蚂蚁线”并不真的是选区边缘，甚至可以说，由于选中与不选之间存在很大的过渡带，往往无法确定选区的边缘。只有在那些没有羽化的选区才有明确的边缘。羽化选区的“蚂蚁线”是50%选取上下的分界线，蚂蚁线圈起来的区域内部，是选取超过50%的部分，而外部则是先取少于50%的部分。那么如果整个选区中所有的区域都是在50%的选择之下，那么选区边缘将不可见。这是我们要警惕的，因为选区边缘看不到，并不代表选区不存在。

知识要点

选区边的概念、选区为何不可见。

除了边缘不可见的选区，还有一种不可见的，那就是隐藏的选区。

边学边练5

（1）打开一个图片素材，用“椭圆选区”工具画出正圆选区。

（2）按下快捷键“Ctrl+H”，隐藏选区。“Ctrl+H”是菜单命令“视图>显示额外内容”的快捷键。在PS里，参考线和选区都属于画面元素之外的“额外内容”。再按一次“Ctrl+H”，恢复对选区的显示。

（3）使用菜单命令“选择>修改>羽化”，输入一个较大的羽化值（如100，这个数值是否够大是因选区大小而异的），此时会跳出一个对话框“警告：任何像素都不大于50%选择。选区边将不可见”（如图2-35）。点击“确定”之后选区似乎消失了，但事实上它只是不可见而已。

▲ 图2-35

（4）建一个新图层，然后把前景色设为黑色，按下“Alt+Delete”，填充前景色，于是一团薄薄的黑雾就会出现，多填充几次就会变得十分浓重（如图2-36）。

▲ 图2-36

（5）按下快捷键“Ctrl+D”取消选择。

由于存在看不见的选区，不但边缘线看不见的选区会让人看不见，有些面积过小的选区，如果出现在颜色比较杂的图片上，同样可能会让人看不见。而且选区还可以隐藏，所以在使用完选区之后，一定要取消选择，不然很容易出现误操作。

2.3.4 制作选区的多种方法、增减选区、修改选区

知识要点

制作选区的方法、增减与修改选区的方法。

由于选区是PS操作过程中重要的中间产物，选区与PS功能的各个方面都有联系。可以说选区是一个重要的中间媒介。制作选区的方法主要有以下几种：用选框工具或套索工具画、由透明像素转换、由路径转换、由通道及图层蒙版转换等。

也就是说，除了用工具画出选区，制作选区的方法都是转换，这些转换为选区的对象主要是三大类：透明像素、路径、灰度图。

这是以选区为核心的大转换，其原理是：在PS里，灰度图、透明度与选区的羽化程度三个概念是可以相互转化的。这条原理是灵活应用PS的关键。

边学边练6

（1）打开一个图片素材，用“矩形选区”工具画出正方形选区。然后先后按下“Ctrl+C”和“Ctrl+V”，将这部分内容复制到一个新层上图层1。此时选区自动消失。

（2）将鼠标指针移动到图层1的预览图，按下Ctrl键观察鼠标光标的变化，此时的光标变成了一个手形，下面有一个由虚线绘成的矩形（如图2–37）。这就是要把图层1的不透明部分调出选区的表示。点击鼠标可以看到，刚才用过的选区又回来了。

（3）选中“矩形选区”工具，在选项栏中可以看到一组选项，PS默认的是“新选区”。现在选择“添加到选区”（如图2–38）。然后在与选区有重叠的位置画矩形选区。可以看到，新画的选区添加到了原来的选区上。也可以试试其他选项，它们分别是“从选区减去”和“与选区交叉”。另外，添加到选区，也可以在使用生成新选区的工具的同时按下功能键Shift实现，“从选区减去”也可以在使用生成新选区工具的同时按下功能键Alt键实现。

（4）重新把图层1的不透明部分转换为选区。执行菜单命令“选择>修改>扩展”，然后在弹出的对话框里输入数值，这样选区就扩大了。类似的操作还有“平滑”“收缩”和“边界”，都是修改选区的工具（如图2–39）。

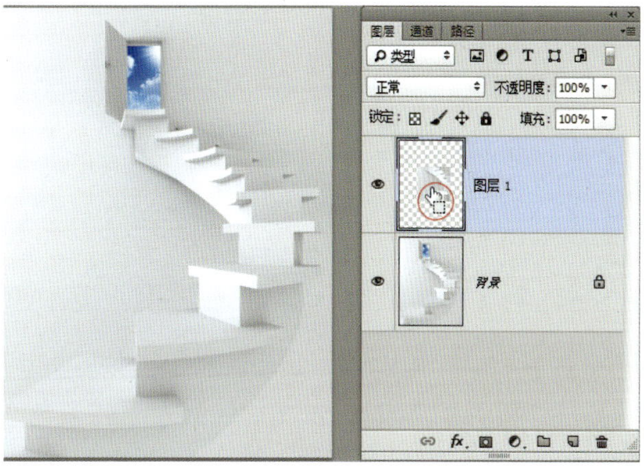

▲ 图2–37

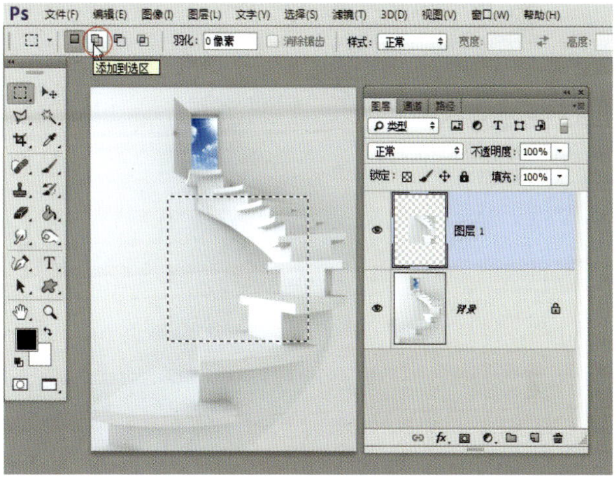

▲ 图2–38

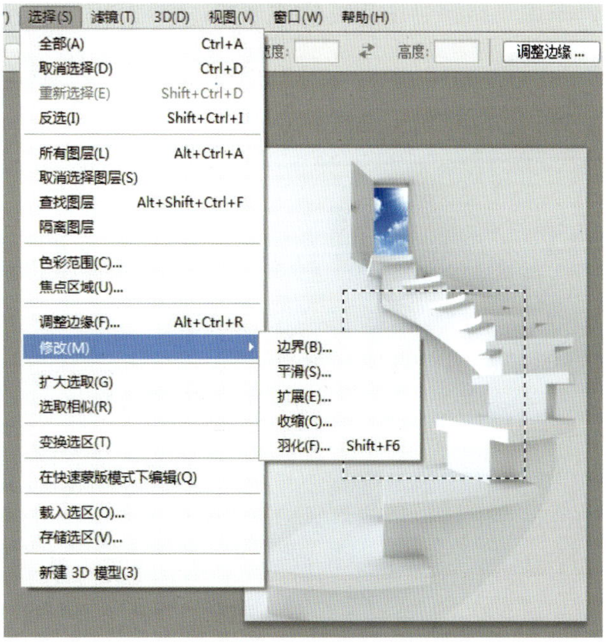

▲ 图2–39

2.4 通道与蒙版

学习要点

通道与蒙版的原理及操作方法。

2.4.1 灰度图、像素透明度、选区的羽化

前面讲过，在PS里：灰度图、透明度与选区的羽化程度三个概念是可以相互转化的。现在就来讲这个问题（如图2-40）。

知识要点

通道的概念、通道与像素透明及羽化的关系。

在讲色彩模式时讲过：计算机不理解颜色，只处理数据。计算机把成千上万种颜色转换成几个通道上的灰度问题。通道的定义是：计算机用于存储不同类型信息的灰度图像。通道不仅仅处理颜色信息，也用于处理诸如透明或选区等方面的信息。

灰度图可以表示在一个平面内各个位置上的明度，并且用数值加以表示，那么这个数值也可以用来表示在这些位置上的像素透明度。而像素的透明度可以通过图层转化为羽化的选区。同理，羽化的选区可以通过复制粘贴的办法，从一个完全不透明的像素图上，复制出局部不透明的图片，也可以直接通过填充黑色，绘制灰度图到通道里。

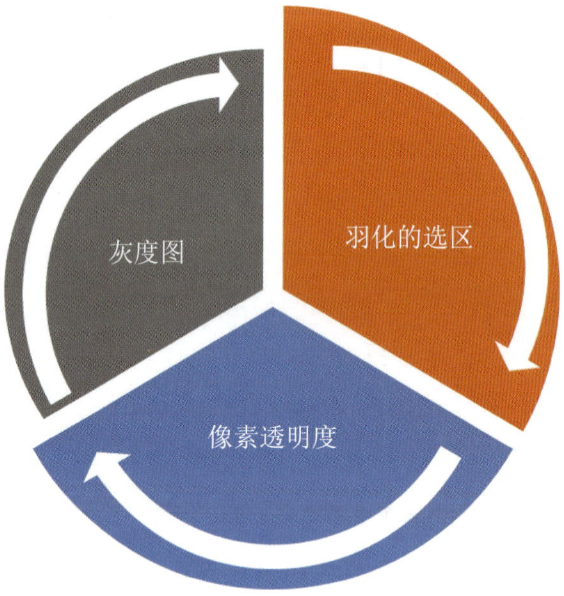

▲ 图2-40

2.4.2 通道与蒙版——通道、图层蒙版、剪贴蒙版

在PS当中，通道（包括一般通道和Alpha通道）、图层蒙版与快速蒙版都是用灰度图来存储信息的。Alpha通道是专门用来存储选区和灰度图的，可以把选区转换为Alpha通道，也可以转换回来。在加载选区的情况下，在“通道”功能面板点击“创建新通道”，然后填充白色，就可以把选区转换为Alpha通道了。

知识要点

通道操作、图层蒙版的原理及使用、将图像贴入蒙版、剪贴蒙版的原理及使用。

边学边练7

（1）打开一张素材图片，用菜单命令“窗口 > 通道”调出“通道”功能面板。将鼠标指针置于其中一个黑白关系比较明确的通道上，按下Ctrl键后，在通道预览图上点击鼠标左键，将通道灰度图转换成选区。本例中调取的是红色通道（如图2–41）。

▲ 图2–41

（2）回到“图层”功能面板，创建新图层，取名“填充红色”，用拾色器把前景色设为红色，然后填充。此时的图像是一个负片效果，看起来比较别扭，于是执行菜单命令“选择 > 反选”，将选取与不选颠倒过来。之后创建新图层，取名“反选填充红色”。然后在背景图层上面创建一个新图层，取名“白色背景”，并填充白色（如图2–42）。在这一步，可以看到，灰度图的红色通道被转换成选区，然后在图层上对选区进行填色，形成灰度图（本例为单色，如果填充黑色就是灰度图）。同时，这是一个半透明的图层。

▲ 图2–42

（3）删除“填充红色”和“反选填充红色”两个图层，暂时隐藏“白色背景”图层，重新从红色通道加载选区。用这个选区在背景层上拷贝、粘贴，生成一个新图层，以“复制背景图”来命名，并将它放置到顶层，然后显示出“白色背景”图层，此时可以看到一种很奇怪的效果，这是红色通道的内容与全颜色画面结合的产物，把灰度图转换成了像素透明度（如图2-43）。

▲ 图2-43

以上是使用通道来进行选区与像素透明度的转换，下面来介绍图层蒙版。

边学边练8

蒙版中黑色的部分，对应的同一图层上的像素是透明的，而白色部分对应的像素是不透明的，灰色部分则对应半透明，这就是图层蒙版的工作原理。

（1）打开一张素材图片，然后再置入一张素材图片，选中刚刚置入的图片，然后在“图层”功能面板的下方找到“添加图层蒙版”按钮并点击，建立一个图层蒙版（如图2-44）。

▲ 图2-44

（2）这时可以看到，在图层预览图的右侧增加了一个层蒙版的预览图。单击鼠标可以选中它，也可以通过单击图层预览图选回图层（差别不是非常明显，要注意观察变化）。按下Alt键单击图层蒙版的预览图，整个画面会变成白色，这表明画面现在显示的不是主画面内容，而是图层蒙版的内容。点击图层预览图回到主画面显示。按下D键，这是将前景色设为黑色、背景色设为白色的快捷键。选择“画笔”工具，调整笔刷的形状和大小，单击图层蒙版的预览图，选中图层蒙版，用笔刷在画面上绘出形状和线条。可以看到，黑色的画笔在蒙版上绘出了黑色的形状，这些形状体现在画面上是透明的区域，将背景层的色彩显示了出来（如图2-45）。

（3）选中后置入的图层预览图，按下“Ctrl+C”。然后创建一个新图层（取名“图像蒙版”），并且添加图层蒙版。按下Alt键，点击这个图层蒙版的预览图，进入蒙版预览状态。按下“Ctrl+V”，将图像粘贴进入蒙版，然后按“Ctrl+D”取消选择（如图2–46）。

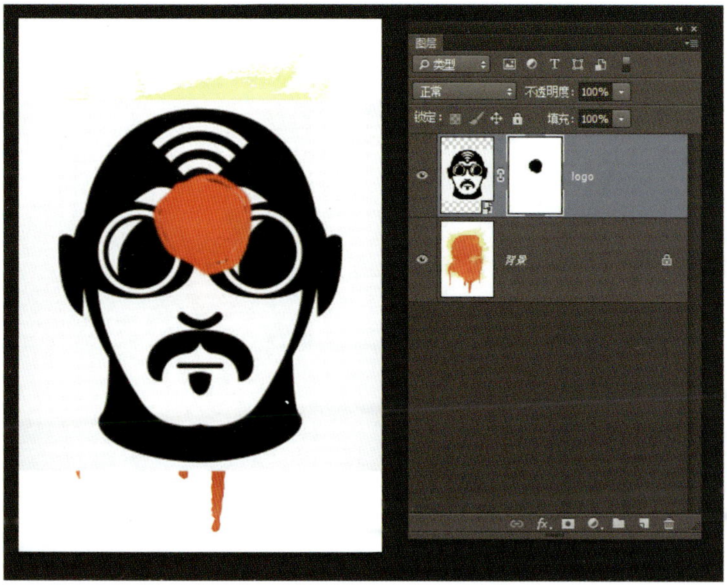

▲ 图2–45

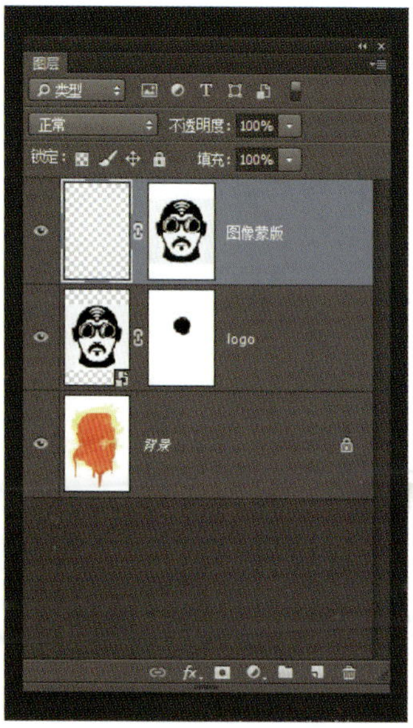

▲ 图2–46

（4）将置入的图层（本例为logo图层）隐藏，然后用一个颜色填充“图像蒙版”图层。可以看到这一层被平铺了色彩，但是由于蒙版里有图像，通过对不透明的控制，这一图层仍然显示出了图像信息（如图2–47）。

▲ 图2–47

边学边练9

剪贴蒙版是一种图层之间透明像素的关联功能，借此可以增加图像编辑的便捷性。剪贴蒙版的工作由两个或多个图层合作完成，下层图层透明的部分上层也透明，下层图层不透明的部分上层也不透明。

（1）打开一个黑白分明的图像（本例为上一例中刚用过的logo），在RGB通道中将选区调出（按下Ctrl键，单击通道预览图），并用“Shift+Ctrl+I”反选（如图2–48）。

（2）创建一个新图层，给它填充黑色，给背景图填充白色（如图2–49）。这是一种将黑白图迅速去除白底的方法。给这一图层取名“透明logo”。置入一个图像，让它位于“透明logo”的上面（如图2–50）。

▲ 图2–48

▲ 图2–49

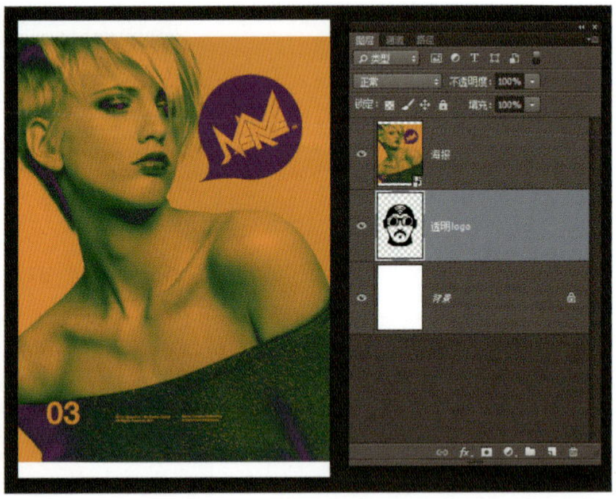

▲ 图2–50

（3）选中刚刚置入的新图层，执行菜单命令“图层>创建剪贴蒙版”（快捷键为“Alt+Ctrl+G”）。这时可以看到，新置入的图层中的不透明部分和“透明logo”图层变得完全一样了（如图2–51）。

建立剪贴蒙版还有一种方法：按住Alt键，将鼠标指针移动到两层之间，看到鼠标的光指针有变化后单击。

▲ 图2–51

2.5 变换

学习要点 使用“自由变换”工具对图像元素进行缩放、旋转、镜像等变形。

变换是对形状进行大小、比例、旋转、扭曲等操作的总称。其中自由变换的菜单命令是“编辑>自由变换”，快捷键是“Ctrl+T”。

在背景层上，只能在加载选区的情况下使用变换；其他图层，有没有选区都可以进行变换操作。

开始变换操作之后，可以看到一个变换操作框，它由方框和8个控制点构成。当鼠标指针放在控制点上时，可以缩放图形；当鼠标指针移到变换操作框外面时，可以旋转图形；当鼠标指针放入变换操作框内部时，可以移动图形（如图2–52）；当按下Ctrl键来拖动控制点时，可以进行变形操作，用来制作扭曲效果。

在使用自由变换时，点击右键可以调出功能菜单可以看到，除了上面提到的功能之外，还有透视、旋转、翻转等操作（如图2–53）。

▲ 图2–52

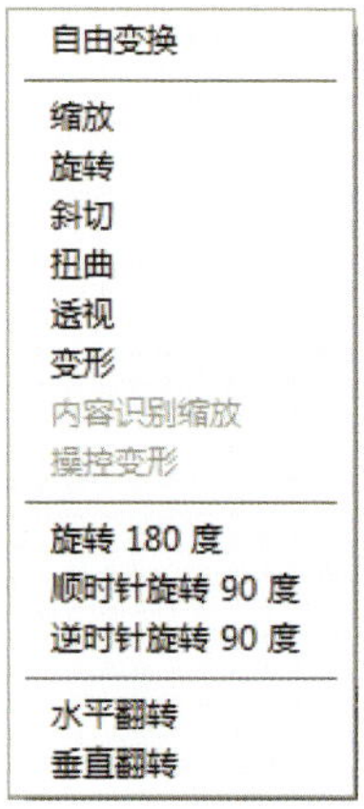

▲ 图2–53

2.6 画布与图像修改

学习要点 图像大小、画布大小、图像的裁切。

图像的使用有尺寸要求，同时也有比例要求。而且常常对于同一个图样，需要不同的尺寸以适应不同的应用。另外，在使用原始素材时，经常需要对其进行裁切等修改。

2.6.1 调整图像大小

边学边练 10

知识要点 调整图像大小、修改分辨率。

（1）打开一张素材图片，执行菜单命令“图像>图像大小”，或者使用快捷键“Alt+Ctrl+I”，就可以调出“图像大小”对话框（如图2-54），可以看到一组数据，其中“图像大小45.9M”，这是图像像素因素对应文件存储时所占磁盘空间的一个参考数据，并不是真正的文件尺寸。目前的图像尺寸为41.6×27.66厘米，分辨率为300像素/英寸。

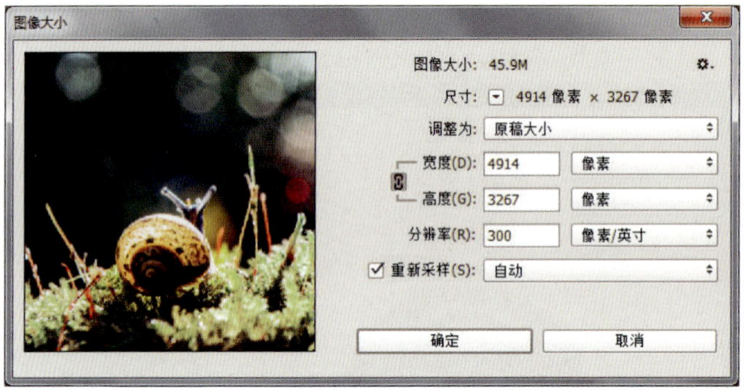

▲ 图2-54

（2）保持图像高与宽之间的比例关系，确保链接状态。保持“重新采样”的选中状态，修改宽度为10厘米，点击“确定”完成操作。可以看到除了分辨率未变，其他的数据都发生了改变（如图2-55）。这样就把图像的大小缩小了，前面也谈过，在原则上，原始图像的大小，一般来说只能缩小不能放大。当然，放大的功能是有的。

▲ 图2-55

（3）再次执行“图像大小”命令，这一次不选“重新采样”，可以看到宽、高和分辨率三项链接到了一起，相互联动。把分辨率修改为72像素/英寸时，宽与高都改变了，但是上方图像大小与尺寸（以像素为单位）并没有发生改变（如图2-56）。在上一步当中，选中“重新采样”的目的是改变图像像素，本步中这一项不选，那么图像的像素不会改变，如果调整图像的分辨率，相应的物理尺寸也随之相应的变化，反之亦然。

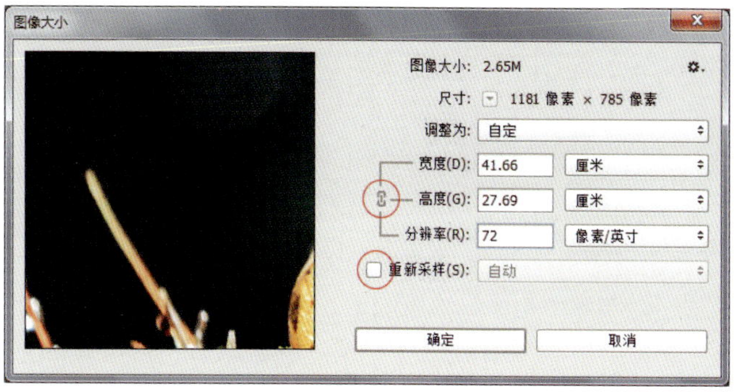

▲ 图2–56

2.6.2 调整画布尺寸

边学边练 11

（1）打开一张素材图片（如图2–57），执行菜单命令“图像>画布大小”(快捷键为“Alt+Ctrl+C”)，调出“画布大小”对话框。可以看到这个对话框面板分为两个区域“当前大小”和“新建大小”，分别表示修改前后的文件尺寸。

知识要点

调整画布尺寸、控制调整基准、裁切工具。

▲ 图2–57

（2）在“新建大小”区域，点击“定位”九宫格中的第二行第一个格，让画面在裁切时保留左边不变，并居中保留。将宽和高分别设置为30厘米和18厘米，点击“确定”按钮，弹出提示框“新画布大小小于当前画布大小；将进行一些剪切”，点击“继续”按钮完成操作，可以看到图像右侧和上下各有一部分内容被裁切掉了（如图2–58~图2–60）。

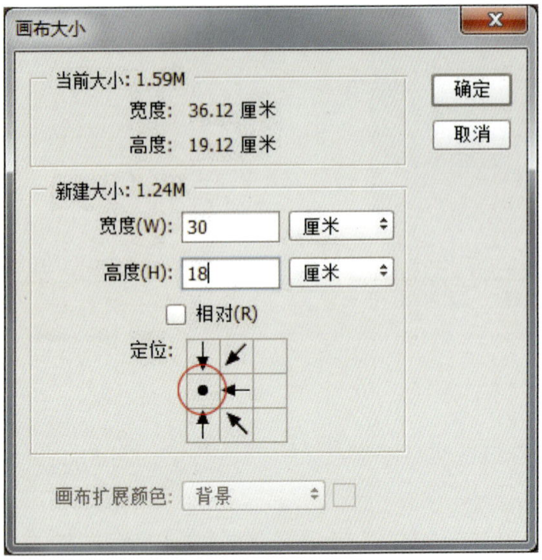

▲ 图2–58

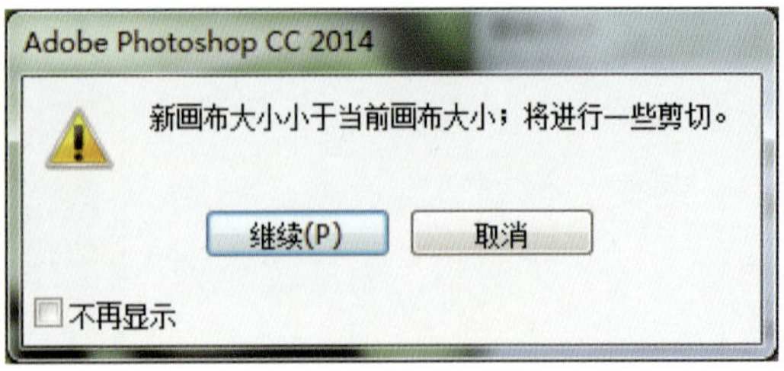

▲ 图2–59

▲ 图2–60

（3）前面进行的是画布尺寸的减小操作，画布尺寸也可以通过填补色彩或者透明区域来增加。再次执行“画布大小”，这时看到画布尺寸与之前设置的有点不同，30厘米变成了29.99厘米，这是因为像素数不能有小数，所以在特定的分辨率之下，有些物理尺寸是无法精确达到的，当然这点误差也没有现实意义。修改“新建大小”区域中的高为30厘米，定位于九宫格的中央，修改画布扩展颜色，点击确定，这样就将前面的图像的比例改变为正方形（如图2–61~图2–62）。

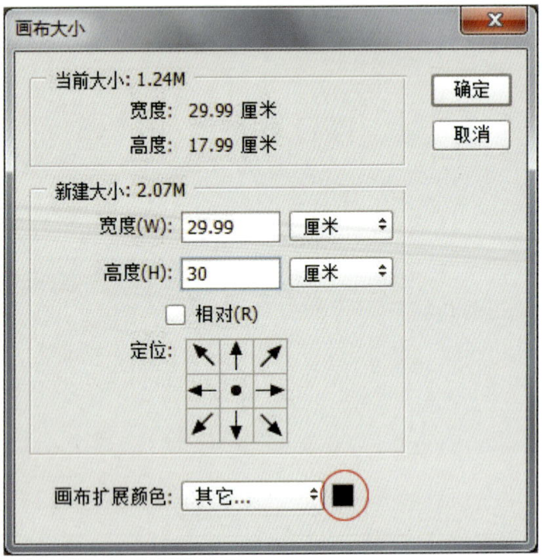

▲ 图2–61

▲ 图2–62

（4）前面的裁切都是在存在背景图层时进行的。在无背景图层的情况下，扩大图像大小，增加的是透明的区域。先打开“图层”功能面板，双击背景图层预览图，将其变为普通图层。然后再次执行“画布大小”（快捷键为“Alt+Ctrl+C”）操作，在“新建大小”区域中将高与宽都设成40厘米，点击“确定”按钮，于是新增的区域都是透明像素（如图2–63）。

▲ 图2-63

2.6.3 裁切与旋转画布

边学边练 12

> **知识要点**
>
> 裁切画面、旋转画面。

（1）打开一张素材图片（如图2-64），使用“裁切”工具，调出“裁切”工具的快捷键是C键，这是一个可以快速改变画布大小和图像大小的工具。在按下鼠标左键拖动的同时，按下Shift键，约束裁切的比例，画一个正方形的裁切区域，画完以后，可以点击这个区域的中央并移动它。位置与大小都合适以后，通过双击这一区域完成裁切（如图2-65）。

▲ 图2-64

▲ 图2-65

（2）再次条出“裁切”工具，画出一个正方形的裁切区域，把鼠标指针移到这一区域之外，可以看到鼠标指针变成了弧形的双向箭头，这表示此功能可以旋转画布。轻轻地旋转画面，到达合适的角度时，双击裁切区域来确定裁切，可以看到图像有了小幅度的旋转（如图2-66）。

（3）使用菜单命令“图像>图像旋转”可以调出多种旋转方式，也有图像翻转的操作，这个比较简单，具体操作就不讲解了（如图2–67）。

▲ 图2–66

▲ 图2–67

2.7 形状与路径

学习要点 形状的绘制与形状库的使用，编辑路径的锚点。

形状与路径是PS里的矢量对象，形状的功能更接近Illustrator里的功能，可以直接生成带颜色与描边的图形。而路径则是PS的传统用法，把矢量对象作为制作选区的一种工具，而不是独立对象来使用。

2.7.1 形状工具

边学边练13

知识要点

使用形状工具、创建与编辑形状、定义自定形状。

（1）新建一个800 × 800像素的文件，在工具栏中找到“自定形状工具”，在选项栏中保证“形状”一项处于被选中状态（如图2–68）。到选项栏找到当前“自定形状”图标，点击向下的小三角，展开形状库（如图2–69）。选择其中的®形状，按下Shift键保持形状比例不变，在选项栏修改它的填充与描边（如图2–70）。可以看到此时在“图层”功能面板上，软件自动生成了一个新图层，这个图层是一个形状图层，它的图层预览的右下角有表示路径与形状的标识。

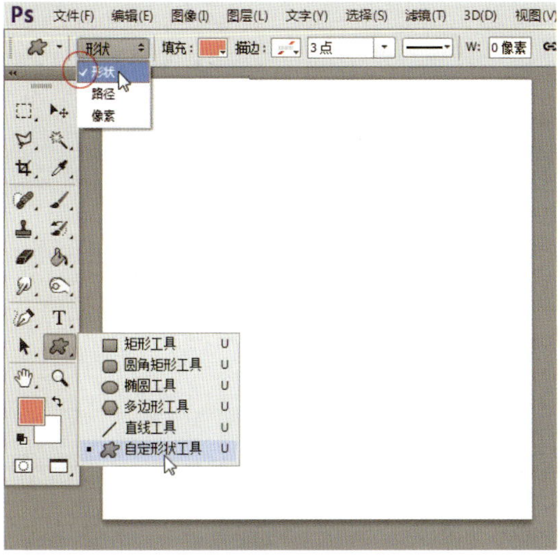

▲ 图2-68

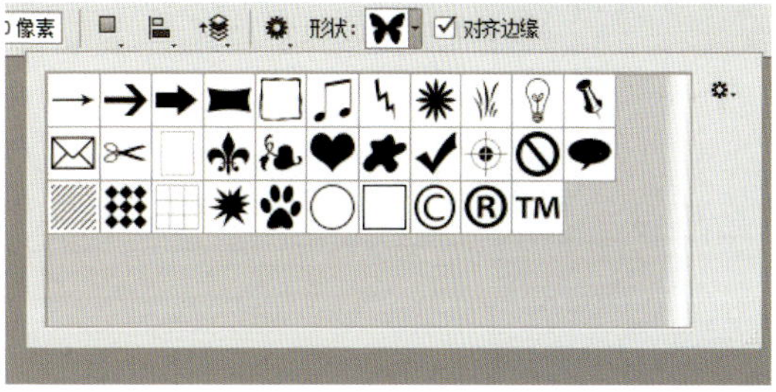

▲ 图2-69

▲ 图2-70

（2）可以自己创制形状，并且添加到形状库中。在形状工具组中使用“椭圆”工具，拖动鼠标指针画圆，用Shift键约束，画一个正圆。然后先按下Shift键（这样做的目的是不创建新的形状图层），再画一个正圆（如图2–71）。可以看到，两个圆都画在一个图层上了，大圆没有颜色，也没有描边。

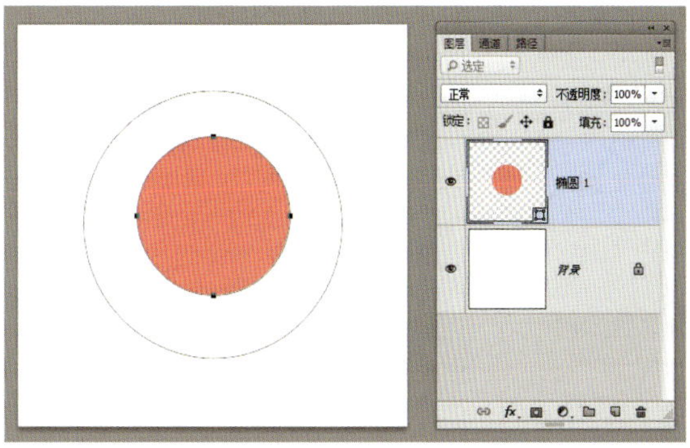

▲ 图2–71

（3）在工具栏中找到“路径选择工具”（如图2–72），用框选的方法，同时选中两个圆。用菜单命令“窗口>属性”调出“属性”功能面板，在“路径操作”区域选择最后一项“排除重叠形状”（如图2–73）。在选项栏找到对齐图标，分别选择“水平居中”和“垂直居中”，这样一个圆环就做出来了（如图2–74）。

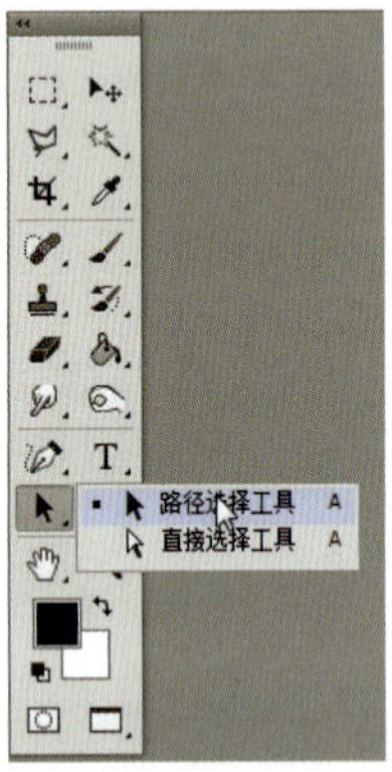

▲ 图2–72

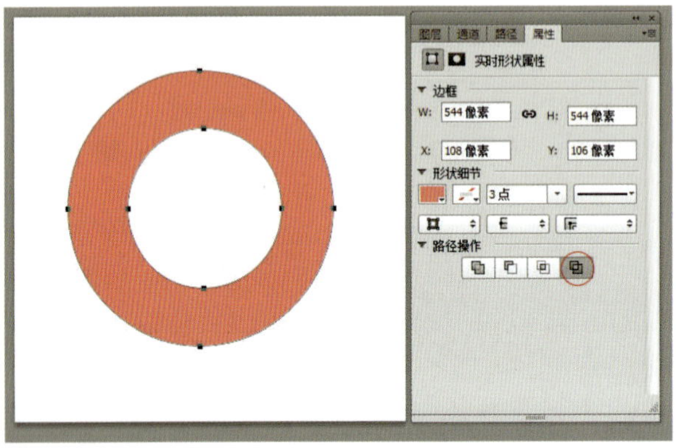

▲ 图2–73

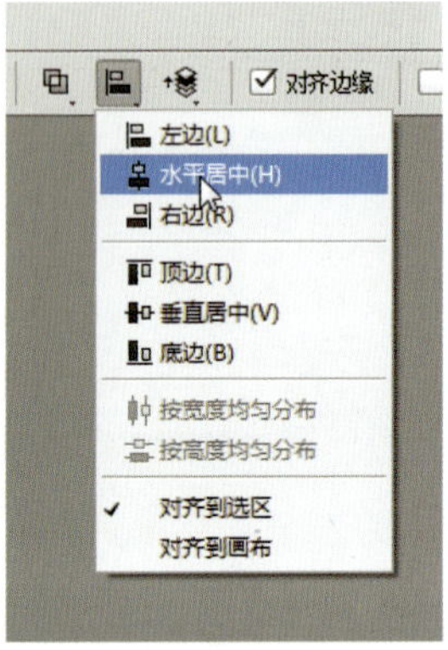

▲ 图2–74

（4）使用多边形工具，在选项栏将边数设为3，这样画出的就是三角形了。拖动鼠标指针画三角形，按下Shift键进行约束（此次操作需要新建图层，所以不要先按Shift键）。用“Ctrl+T”对这个三角形进行自由变换，同时用Shift键进行约束，放到圆环的边缘，调整好大小，双击变换框的中心，完成变换（如图2–75）。

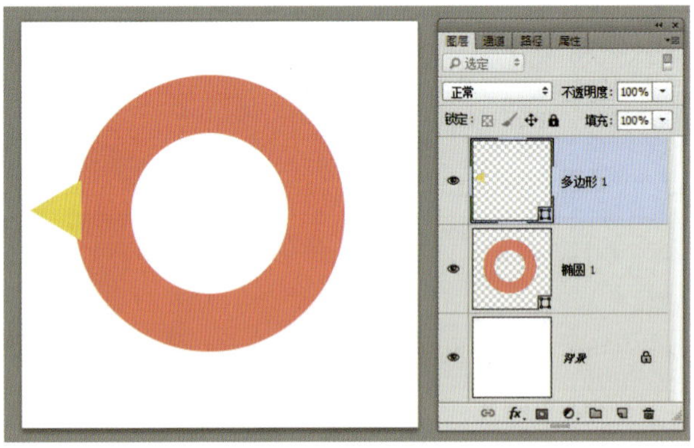

▲ 图2–75

（5）用路径选择工具选中三角形，按下“Ctrl+C”，再下“Ctrl+V”，在原位复制一个三角形，然后把它移动到圆环的另一端，再用自由变换把它翻转过来，放在差不多合适的位置（如图2–76）。

▲ 图2–76

（6）调出“图层”功能面板，同时选中“多边形1”和“椭圆1”两个图层，执行菜单命令“图层>对齐>水平居中”，然后再执行“图层>对齐>垂直居中”（如图2–77）。注意：这里用的是图层对齐，没有用形状对齐，这是因为“多边形1”中有两个三角形，如果用形状对齐，两个三角形就会重叠到一起。

（7）仅仅保留图层“多边形1”的选中状态，用“路径选择”工具，选中两个三角形，原位复制它们，并用自由变换旋转到垂直方向，完成变换（如图2–78）。然后在圆环的中央再画一个小圆，形成新图层“椭圆2”，然后将三层都选中，一起进行水平与垂直的居中对齐（如图2–79）。

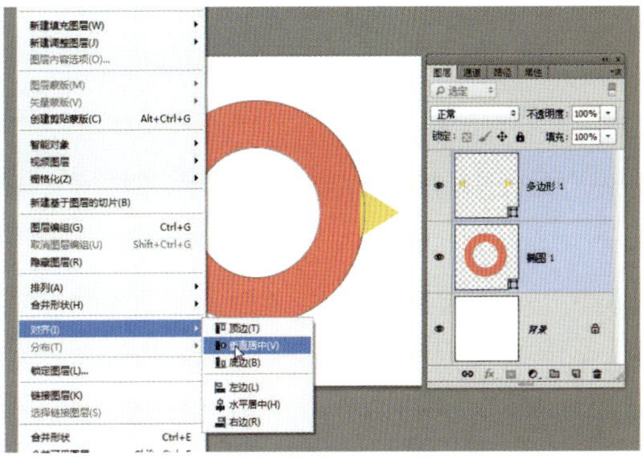

▲ 图2–77

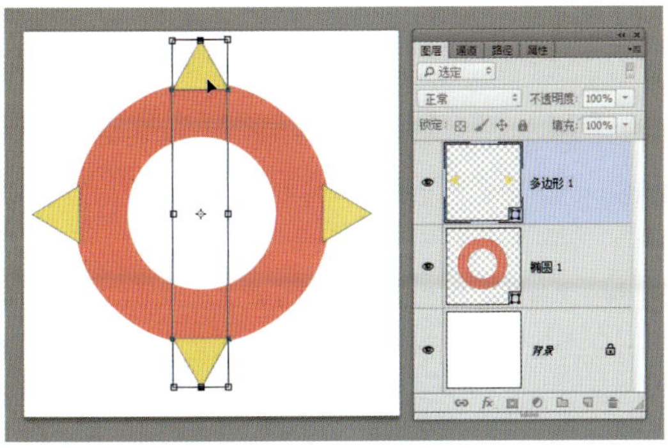

▲ 图2–78

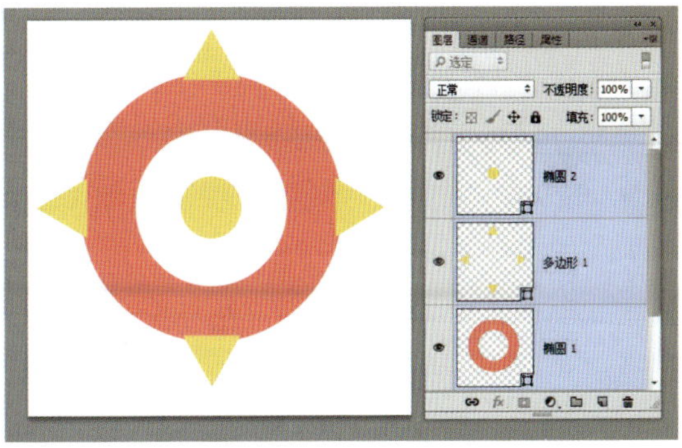

▲ 图2–79

（8）调出“图层”功能面板右上角的面板菜单，选择“合并形状”，将三个形状图层合为一体（如图2–80）。然后执行菜单命令“编辑>定义自定形状”，弹出“形状名称”对话框，给形状命名，点击“确定”按钮，完成自定义形状（如图2–81）。

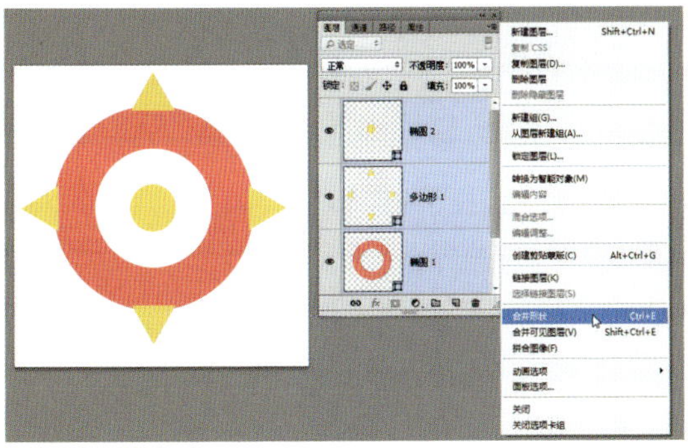

▲ 图2–80

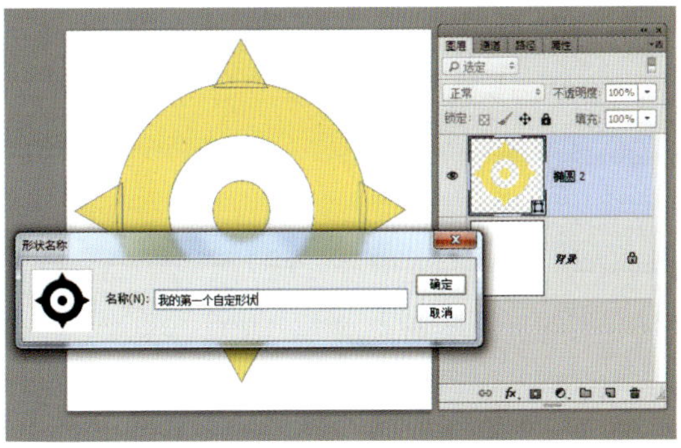

▲ 图2–81

（9）找到“自定形状”工具，点击选项栏中的形状图标打开形状库，可以看到刚刚自定的形状就在里面（如图2–82）。

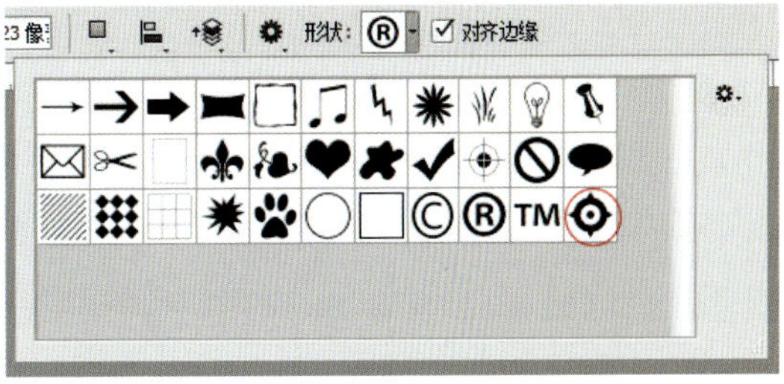

▲ 图2–82

2.7.2 钢笔工具

知识要点

绘制路径，控制方向线与方向点，控制锚点与曲率，添加与删除锚点。

形状工具是使用现有形状、组合现有形状、使用几何形状的工具，而钢笔工具则是创制自由形状的工具。使用钢笔工具绘制出精确平滑的线条需要技巧，这需要勤加练习才能掌握。钢笔工具不但是PS中常常要用的工具，也是Illustrator中的常用工具，掌握这个技巧之后，创作者就获得了形状创作的自由，可以随心所欲地用电脑绘制图形了。

边学边练 14

（1）打开一张素材图片，执行菜单命令“窗口>路径”调出“路径”功能面板，创建一个新路径。在工具栏中找到钢笔工具（快捷键为P键），确保选项栏中的路径选项被选中。将视图放大，直至边缘可以看得很清晰（如图2-83）。

▲ 图2-83

（2）开始使用钢笔工具，每点击一次鼠标，就可以建立一个锚点。锚点是用来确定曲线上的关键点的。在点击的同时拖动鼠标指针，则会拉出方向线，方向线是控制曲线的曲率的，方向线与所绘的曲线是相切关系。方向线有长度，它的端头是用来控制方向线的长度和方向的，被称为“方向点”。

（3）锚点分为两种，一种是角点，另一种是平滑点。角点就是出现尖角的点，而平滑点则是无尖角的点。点击一下鼠标，然后移动到另一个位置拖动鼠标指针，拉出方向线，然后再到下一个位置单击鼠标，这样就可以做出一个平滑曲线，中间的那个锚点，就是平滑点。如果在拉出方向线之后，按下Alt键，点击一侧的方向点，则这一侧的方向线会被删除，接下来再画完第三个点，就可以看到，这是一段有尖角的曲线，中间的点就是角点（如图2-84）。

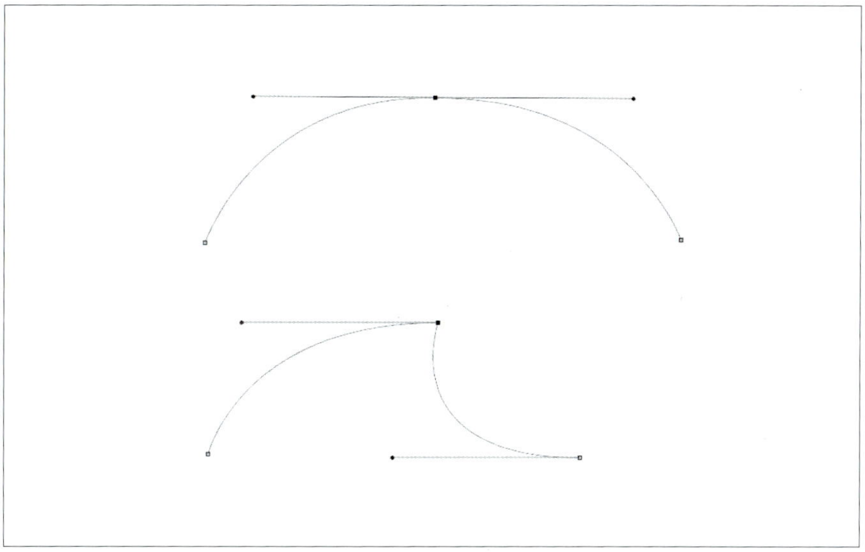

▲ 图2-84

（4）先在画面中选一个点开始绘制路径，直线比较容易绘制，只要每次点击不拖动鼠标指针就可以了，而曲线则有一定的难度。曲线绘制的基本办法是分析曲线曲率变化的特点，依此来确定锚点的位置，注意锚点不要过多。沿曲线的切线方向拖动方向线，注意方向线不要过长，先短一点，慢慢拉长。

（5）在操作过程中，可以用“直接选择”工具（和“路径选择”工具在同一族里）调整画完的曲线。也可以在使用“钢笔”工具的同时按下Ctrl键，临时切换成“直接选择”工具。

（6）在“钢笔”工具一族里，还有“添加锚点”和“删除锚点”工具以及“转换点”工具。这些工具的应用原理都不复杂，但想要熟练使用，需要多练习才行。

（7）绘制形状的路径，或者为做选区而准备的路径，最好是闭合路径。在完成路径绘制时，要完成首尾相接的任务（如图2-85）。

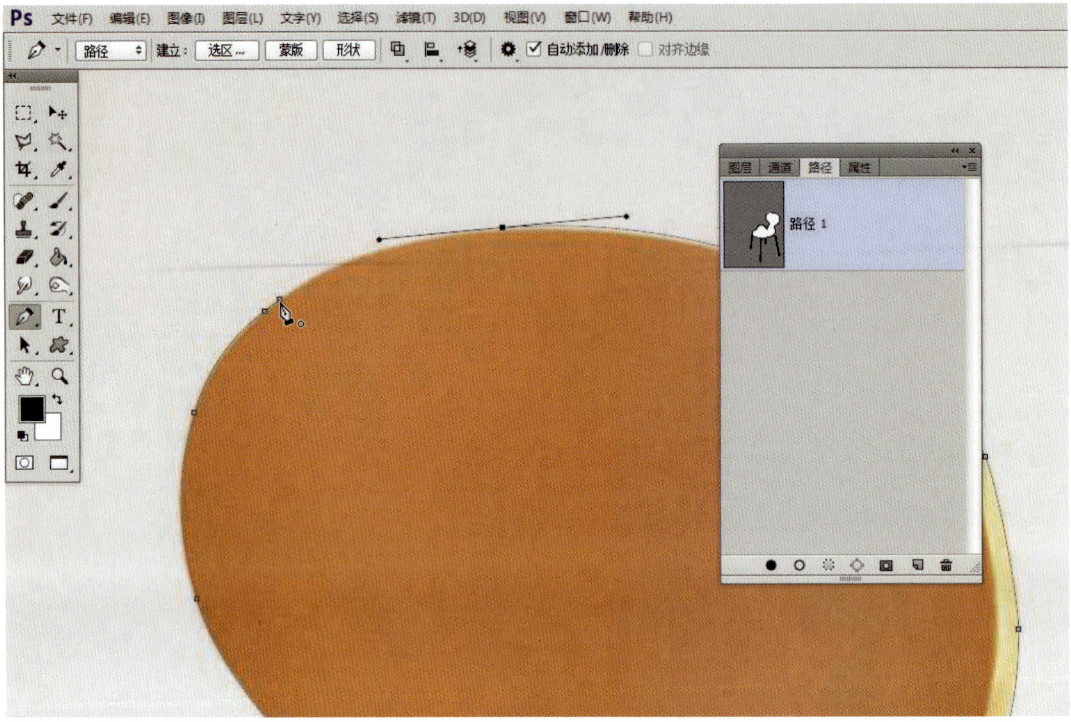

▲ 图2-85

（8）最后，在完成路径绘制以后，可以把层不透明区域转换为选区的方法，把路径转换为选区。

“钢笔”工具操作要点：

①使用“钢笔”一族工具时，一定要放大视图操作，同时还要经常缩小视图观察整体；

②方向线所形成的直线是所绘制曲线的切线；

③方向线不要过长，两个相邻的锚点之间的方向线不要相互重叠；

④绘制曲线时，不要画出类似8字形状的“拧麻花”曲线。

在PS里，钢笔工具最初主要是用来精确抠图，在初学钢笔工具时，可以用抠图练习来熟悉工具。

第3章

P A R T 3

Adobe Photoshop 实践基础

本章开始尝试创作一些略带复杂性的作品，用多种方法进行影调的调整与色调的调色。灵活地打破图像的边界，让它们有机地融合到一起。

学习目标：掌握自由处理图像的色彩与形态的技巧。

学习重点：图层、选区、通道与蒙版、变换。

3.1 调整与调色的基本方法

学习要点 调整与调色的基本方法、调整层。

3.1.1 调整与调色系列功能

PS在图像调色方面功能非常强大，这也是多种类型的艺术家都喜欢使用PS的原因。无论是需要对照片的层次进行管理的摄影师，还是希望制作特殊效果的创意设计师，都能在PS中找到方便自己使用的工具。

PS提供了两个系列的调整与调色的方法，一个系列是一次性的不可编辑的调整命令，它们都在菜单命令“图像>调整”菜单里（如图3–1）。另一个系列是调整图层，这个功能在“图层”功能面板的下部，点击“创建新的填充或调整图层”图标，可以创建调整图层，这是一种功能性的图层，可以影响到下面所有的图层（如图3–2）。

在这两种方法中，调整图层更值得推荐，因为它的操作是可逆的，不想要某一效果时，只要隐藏这一调整图层就可以了。而且可以通过给调整图层添加图层蒙版，区别对待图层上的各个位置。不过非调整层的调整方法功能更全，而且有时需要在通道或蒙版中使用调整，这时只能使用一次性的调整命令。

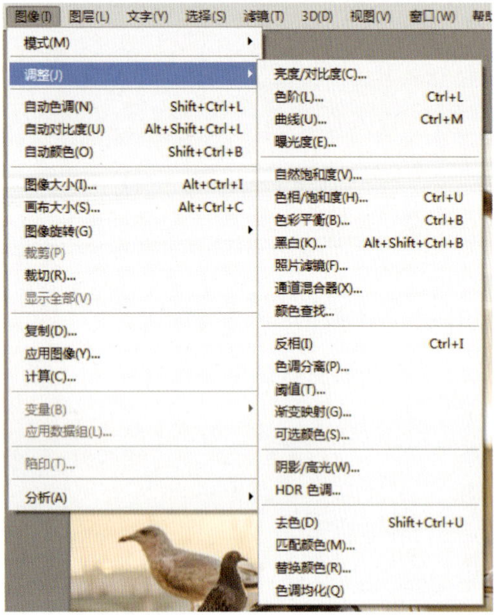

▲ 图3–1

▲ 图3–2

3.1.2 色阶

色阶是表示图像亮度强弱的图形化信息控制手段，它以一种直方图的形式呈现。主要用来调整整体明暗、亮部细节和暗部细节。

边学边练 15

（1）打开一个素材文件（如图3–3），调出“图层”功能面板，创建色阶调整图层（如图3–4）。双击色阶图层的预览面板，可以看到“属性”功能面板（如图3–5）。这个面板主要由上方的直方图和下方的输出色阶两部分构成。直方图上有三个三角形的滑块，从左向右分别代表阴影、中间调和高光。

▲ 图3–3

▲ 图3–4

▲ 图3–5

（2）从本例中输入的图片的直方图来看，右方有一块空白区域没有数据，这说明本图中最亮的色彩不是白色，而是一种浅灰色。调色时常常需要将右侧滑块移动到直方图有信息的部分，以保证最亮的色彩是白色，这被称为设置“白场”。除了移动滑块，还可以用此面板上的吸管工具，三个吸管分别代表白场、灰场和黑场。如果用代表白场的吸管吸哪里，哪个颜色就被设为白色，整个画面的色调都会因此改变。黑场与灰场的操作原理与白场类似。

（3）色阶工具可以全通道调整图片，也可以仅仅调整一个通道，在直方图上方有一个选择通道的下拉菜单，如果仅仅选择一个通道来调整，那么不仅仅亮度会有所变化，整张图片的色调、色温都会因此而改变。

（4）下方的输出色阶则是对亮度范围的限制，默认的亮度限制是从白色到黑色，如果改变了这一项，则减少输出范围，让画面的亮度对比减弱。

（5）可以通过点击“属性”功能面板下方的眼睛图标，来观察调整前后的效果变化。如若对调整的效果不满意，可以点击“复位到调整默认值”，重新进行调整。

边学边练 16

下面用一个实例来演示如何用调整工具，结合其他操作对一张非常糟糕的照片进行调整，使它成为一张合格的图稿。

（1）打开素材图片（如图3–6），执行菜单命令“图像>图像旋转>逆时针旋转90度”把图像转正。执行菜单命令“图像>模式>灰度”去掉多余的色彩。

（2）使用“多边形套索”工具，选中画面中有用的部分，先后按下“Ctrl+C”“Ctrl+V”，创建一个新图层（如图3–7）。用白色填充背景，去掉无用的内容。

▲ 图3–6

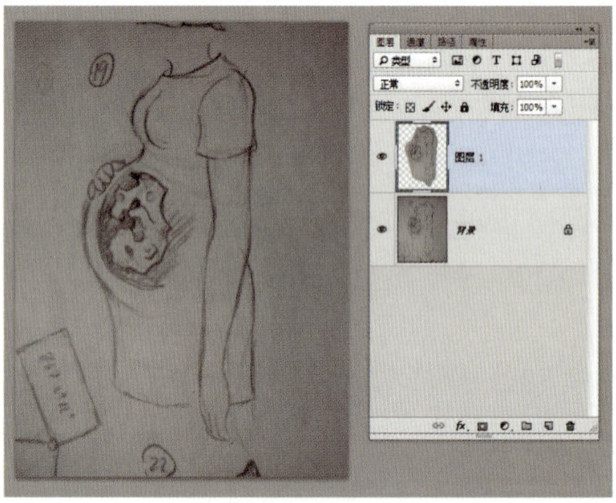

▲ 图3–7

（3）用“图像>调整>色阶”，调出色阶面板（本例没有使用调整层，因为本例要使用一些局部处理的办法，这样调整层的优势就没有了）。对色彩进行适当的调整，调节白场、黑场和灰场（如图3–8）。

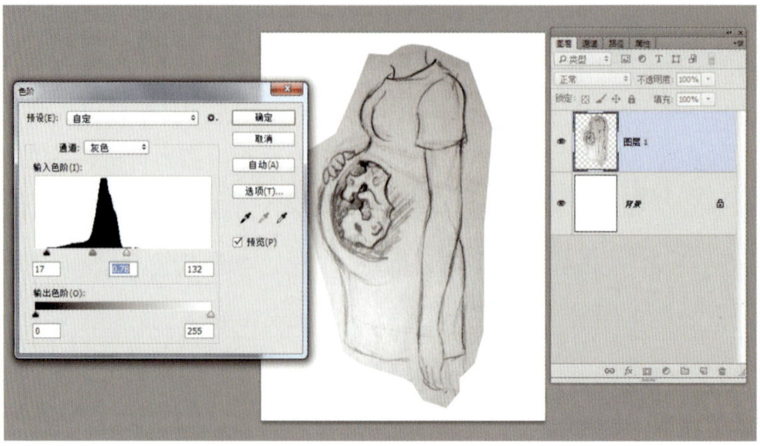

▲ 图3–8

（4）使用“减淡”工具，注意选项栏上的“范围”要选“高光”，这样主要减淡亮部的色彩，暗部较少受影响。设定一个大小、硬度合适的笔刷，点击想要减淡的部分（如图3–9）。

（5）使用“加深”工具，注意在选项栏上的“范围”要选“阴影”，这样可以加深暗部不够黑的部分，这样经过调整，一个曝光很差的图片就被调成了一个合格的草稿（如图3–10、图3–11）。

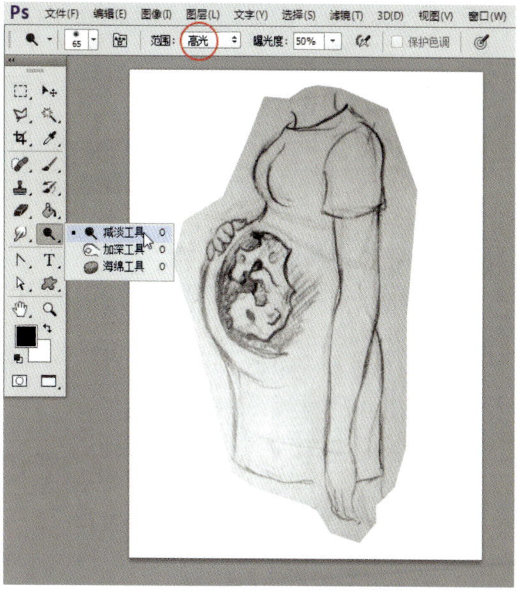

▲ 图3–9

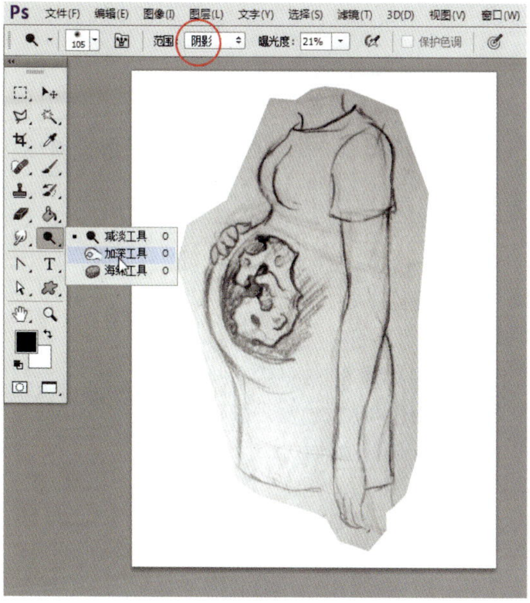

▲ 图3–10

▲ 图3–11

3.1.3 曲线

色阶调色是一种线性的过程，比较尊重画面原有的信息，但对色调的调节能力有限。相对而言，曲线的能力就强多了。

曲线用一种二维的方式进行调色，一方面它可以在很大程度上更改颜色，做出十分不自然的效果（这常常是设计师刻意追求的）。另一方面，它也可以对图像进行微调，达到较为自然的效果。

边学边练 17

▲ 图3-12

（1）先来试一种特殊的色彩效果。打开一个素材文件（如图3–12），调出“图层”功能面板，创建曲线调整图层。

（2）双击这个调整图层的预览面板，调出“属性”功能面板。可以看到，未经调整的曲线段是一条45°的直线段。这是一条输入和输出相互对应的平面曲线段，左侧的渐变条表示输出，底下的渐变条表示输入（也就是原始数据）。当曲线段成45°直线段时，表明输入与输出的数值始终是相同的，这时图像没有改变（如图3–13）。

（3）选中这条45°直线段上中间的一点，把它向上轻轻地移动一点，这样直线段就变成曲线段了。可以看到两端的点没有变，而越靠近中央，变化的幅度越大。通过开关“属性”功能面板下方的小眼睛图标（切换图层可见性），可以看到调整前后的色彩变化，高光与阴影都没什么变化，而中间色调整体变亮了（如图3–14）。

▲ 图3–13

▲ 图3–14

（4）曲线段还可以做一些极端的效果，比如将曲线段拉成S形，这样，原本的色彩对比关系就会发生逆转，将原本比较亮的颜色变成暗色，而暗色则变成亮色。这样调整会出现类似热成像的图像效果（如图3–15）。

▲ 图3–15

3.1.4 亮度/对比度

“亮度/对比度”是调整色调明暗的工具中最简单的一个，它的优点是容易学、上手快，缺点是这种调整属于比较“暴力”的，比较容易损坏文件的层次，造成不太好的效果。一般来说，尽量少调整亮度/对比度，只有在较小的幅度内调整，或者对图像层次要求不高的情况下才会使用这个工具。

这个面板上有一个选项“使用旧版”，相比起旧版，新版的工具对画面的层次尤其是亮部与阴影的层次还是有所保护的。所以，如果没有特别的需要，不要勾选“使用旧版”（如图3–16）。

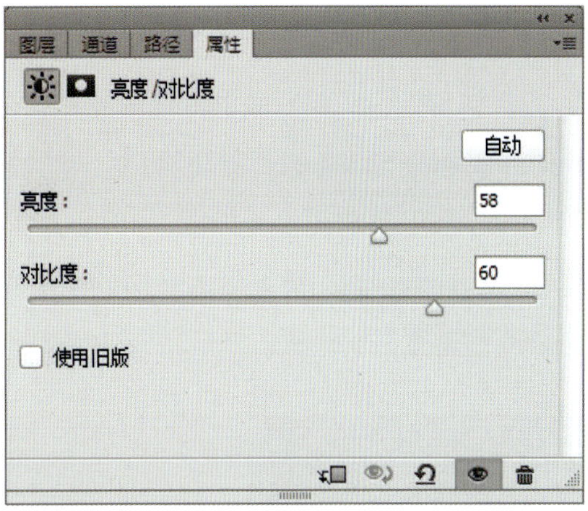

▲ 图3–16

3.1.5 色相饱和度

“色相饱和度”是一个用来调整色彩关系的工具，它依据艺术家对色彩的理解方式，从色相、饱和度、明度三个角度来调整色彩。这个工具与“亮度/对比度”有类似的地方，是一个操作简单、功能强大，但比较“暴力”容易损坏文件层次的工具。好在“色相饱和度”有分色调色的功能，这个功能让它变得粗中有细，只要不过度使用，对图像层次的保护还是有力的（如图3–17）。

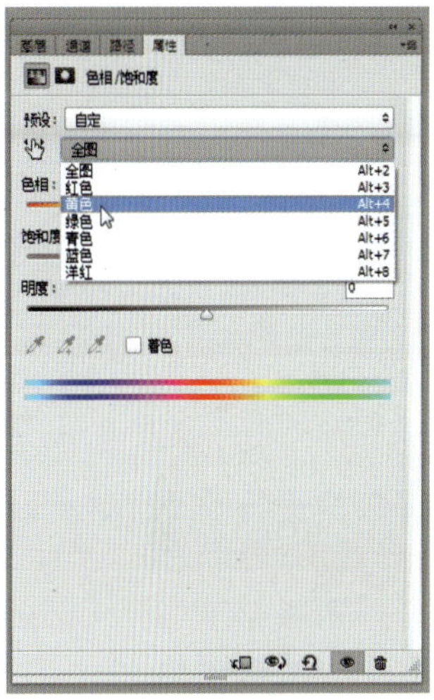

▲ 图3–17

3.1.6 色彩平衡

“色彩平衡”是对色彩均衡的一种调整，在画面调整过程中增加某种色彩的倾向，必然要减少与之相对的色彩倾向，这是一种平衡思想，而不是单向的增加或减少。“色彩平衡”把图像分为高光、中间调和阴影进行相对独立的调整，以确保色调的丰富性和微妙性。借此可以强化或减弱亮部与暗部的色温差别（如图3–18）。

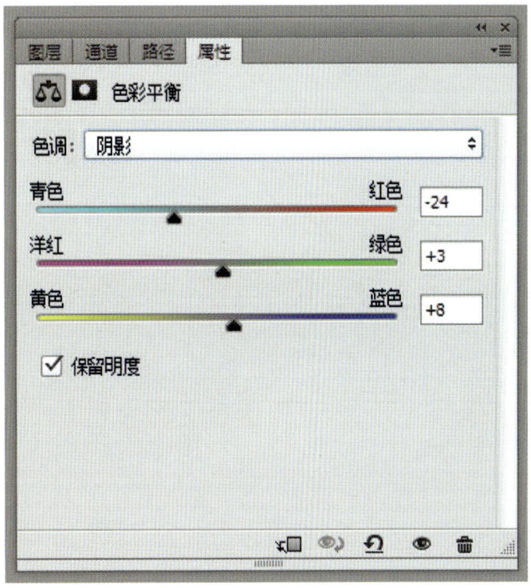

▲ 图3–18

3.1.7 可选颜色

“可选颜色”可以对图像中指定的颜色进行调整，以达到精确调色的目的，这个功能最大的好处就是可以单独调整某一色彩，其他颜色几乎不受到影响。对于CMYK模式尤其适用。

边学边练18

下面用一个例子来演示多种调整方式，用多个调整层结合来进行的调整工作。借此也熟悉一下调整与调色的各项功能。

（1）打开素材图像（如图3–19），这是一张很普通的照片，无论是构图还是色彩都有比较大的缺陷。首先需要做的是把近处窗户上的污痕去除。使用“多边形套索”工具，在选项栏里设置好羽化值，然后把有污痕的部分选中（如图3–20）。

▲ 图3–19

▲ 图3–20

（2）先后按下“Ctrl+C”“Ctrl+V”，将这部分像素复制到一个新图层上，然后执行菜单命令“滤镜>模糊>高斯模糊”（如图3-21），设置模糊数值（如图3-22），这样污痕就不见了。

▲ 图3-21

▲ 图3-22

（3）新建一个“可选颜色”调整图层（如图3-23），分别调整红、黄、绿三个颜色，让红色减淡，黄色调向黄绿色，绿色调向蓝绿色（如图3-24）。

▲ 图3-23

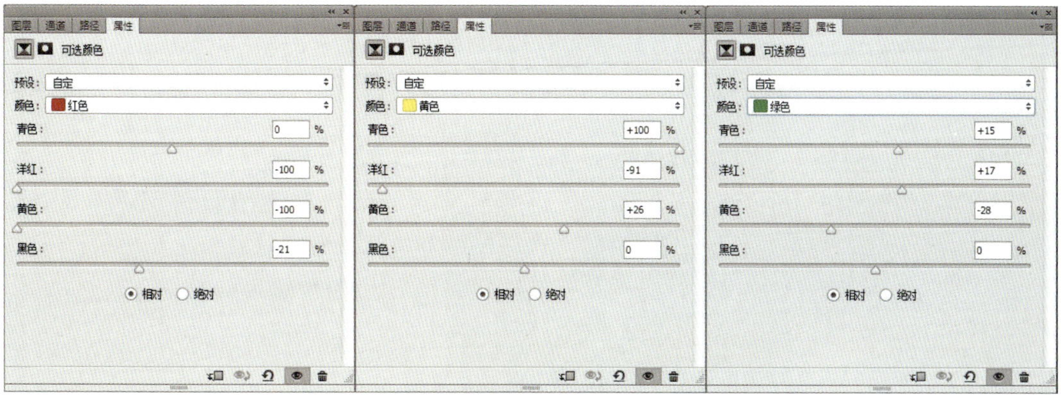

▲ 图3-24

（4）新建一个“曲线”调整图层（如图3-25），分别单独调整三个通道的曲线（如图3-26），让整个画面更多地显现出蓝色调，而红色调与绿色调都有所下降。

▲ 图3–25

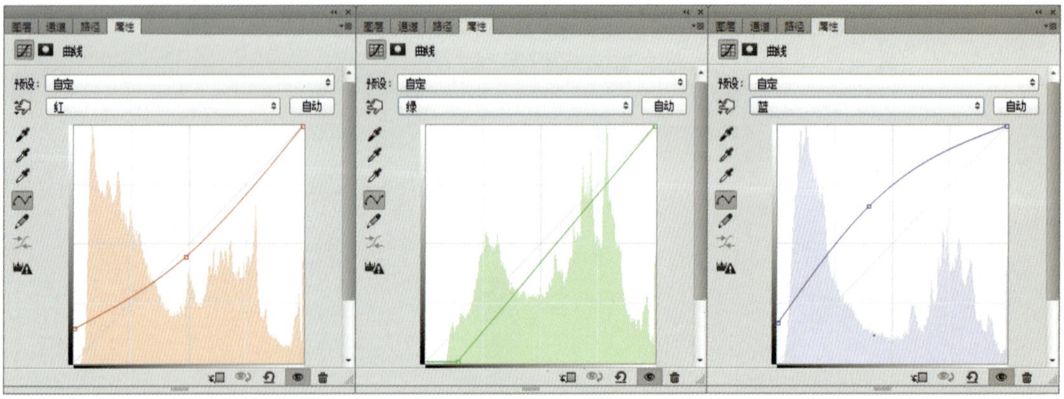

▲ 图3–26

（5）新建一个“色阶”调整图层，将整个画面的颜色加深（如图3–27），然后给这个调整层添加图层蒙版，用画笔在蒙版上涂绘，让不想变深的部分变得透明，这样调整层不会影响到下面的图层中的一些像素（如图3–28）。

▲ 图3–27

▲ 图3–28

（6）新建一个“色相/饱和度”调整图层（如图3–29），首先在整体上降低画面的饱和度，然后单独降低青色和蓝色的饱和度（如图3–30）。这样就重点降低了蓝色调的饱和度，同时也降低了整个画面的饱和度。

▲ 图3–29

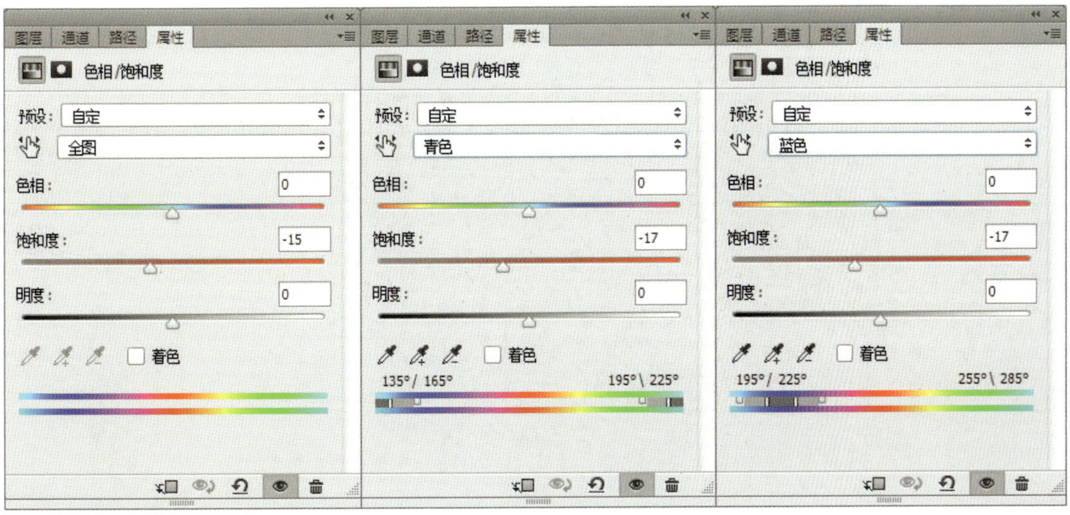

▲ 图3–30

（7）新建一个“曲线”调整图层（如图3–31），高光与阴影不变，仅仅将中间调的亮度调亮一些（如图3–32）。这次调色工作就完成了（如图3–33）。

▲ 图3–31

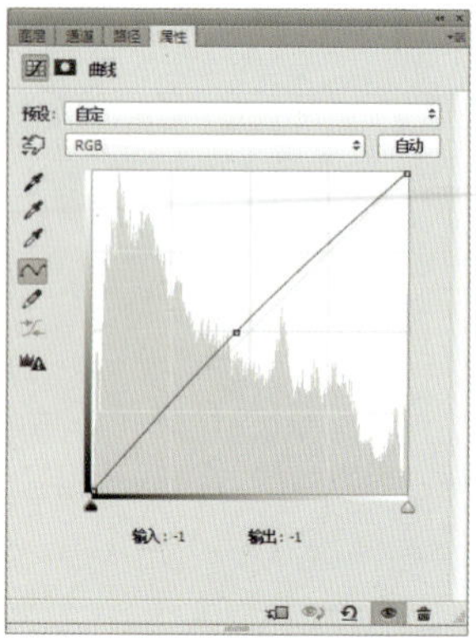

▲ 图3–32

▲ 图3–33

3.1.8 渐变映射

“渐变映射”是一个让设计师随心所欲的工具，设计师可以自行定义一条渐变，然后将它映射到画面当中，渐变的颜色与画面中由浅到深的颜色进行对应，通过自由控制渐变，就可以自由地控制画面的颜色，“渐变映射”是一种风格化使用色彩的功能。

边学边练19

（1）打开素材图像（如图3–34），新建一个“渐变映射”调整图层。

（2）在“属性”功能面板中编辑渐变条上的色彩，下方的“反向”可以颠倒渐变左右两边的位置。点击渐变条，打开“渐变编辑器”，可以看到渐变的编辑条，其中上面的滑块是控制不透明度的，而下面的滑块则是控制色彩的。点击编辑条可以增加新的滑块，如果想要删除滑块，选中它，点击相应的“删除”按钮即可（如图3–35）。

（3）经过调整，最终完成了一个风格化的鹦鹉图像（如图3–36）。

▲ 图3–34

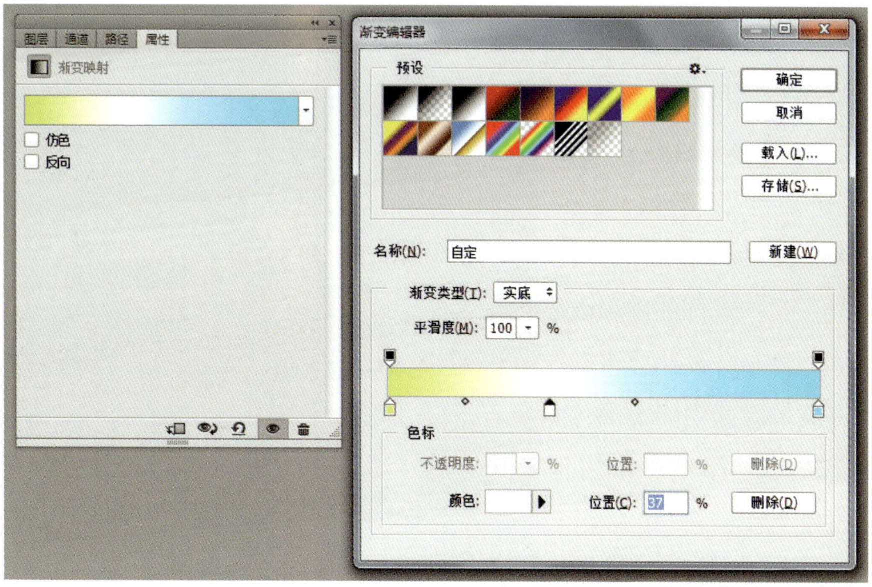

▲ 图3–35

▲ 图3–36

3.1.9 反相

反相的快捷键是“Ctrl+I”，反相可以反转图像的颜色，得到一种负片效果。这种反相一方面是明暗上的反相，另一方面又是色相的相反。

3.2 通道抠图技巧

学习要点 巧妙利用通道中的有价值信息进行抠图。

在使用PS时，经常需要把图像从背景中分离出来，这种操作叫作抠图。抠图的方法有很多种，最基本的有路径抠图、套索抠图、魔术棒工具抠图、“快速选择”工具抠图、“调整边缘”命令抠图，除了这些之外，最多见的就是利用通道辅助抠图了。

边学边练20

（1）打开素材图片（如图3-37）。这个任务的目标是把图中的英文和耐克的标志分离出来。这个例子比较特殊，颜色比较平，轮廓也比较圆滑。这样的图像在标志、字体与插画中是比较多见的，这类图像最容易用通道操作的方法来抠图。

（2）打开“通道”功能面板，查看RGB三个通道，可以看到红与绿两个通道当中，英文字体与标志的形状处于一种黑白分明的状态。通道操作应当就在这两个通道里来进行（如图3-38）。

（3）选中红色通道，将它拖动到“创建新通道”图标上，于是就复制了一份红色通道，名叫“红 拷贝”（如图3-39）。

▲ 图3-37

▲ 图3–38

▲ 图3–39

（4）找到绿通道，按下Ctrl键点击绿通道预览图，将绿通道转换为选区，使用“矩形选框”工具，在拖动的同时按下Alt键，取消无用的选区，仅留下所需要的区域（如图3–40）。

（5）选中通道“红 拷贝”，给它填充白色，这样一个所需区域黑白分明的Alpha通道就基本完成了（如图3–41）。

▲ 图3–40

▲ 图3–41

（6）按下快捷键“Ctrl+L”，调出色阶，让图像更加黑白分明。注意，不要调过了（如图3–42）。

（7）将“红 拷贝”转换为选区，找到“图层”功能面板，双击背景层，让它变成普通层，然后给它添加层蒙版。最后再给图像加一个底色，以便观察。于是抠图工作就完成了（如图3–43）。

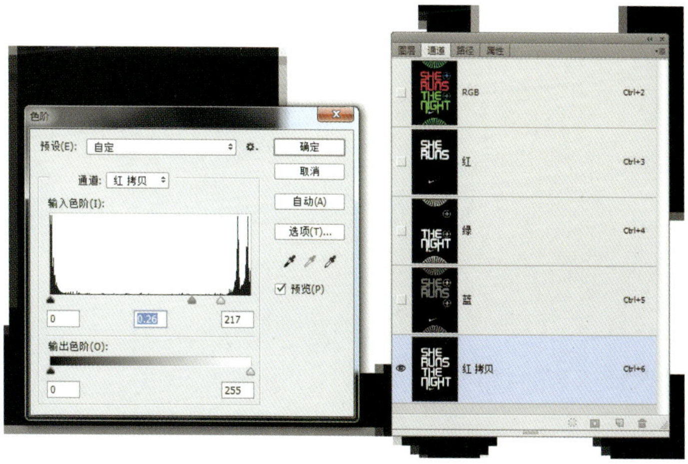

▲ 图3–42

▲ 图3-43

边学边练21

这个练习的任务是把人物从背景里分离出来，融合进入另一个无人的背景当中。这个例子的背景比较杂，所以用PS的“调整边缘”功能并不好用。“调整边缘”功能可在已经绘制出大致选区时，点击状态栏上的“调整边缘”按钮加载。这里仍然是用的比较笨的老办法。

（1）先打开人物素材图片（如图3-44），对这样的人物进行抠图，最困难的就是头发，如果想要达到较好的效果，必须认真而有耐心地进行操作，PS新版本的自动抠图的功能已经很强大，但复杂背景下的抠图，仍然要人工完成。

▲ 图3-44

（2）首先观察这个图片的各个通道，会发现绿通道是最理想的。于是按下“Ctrl+A”，选中绿色通道，按下“Ctrl+C”，然后选中RGB通道，回到图层面板，按下“Ctrl+V”，可以看到，绿通道被粘贴进入一个新的图层“图层1”（如图3–45）。

▲ 图3–45

（3）按下“Ctrl+I”，对“图层1”进行反相。然后暂时隐藏“图层1”，打开“路径”功能面板，创建一个新路径，用“钢笔”工具，把所有明确的轮廓都先勾出来，这是“路径1”。这个工作貌似复杂，事实上对于熟练的使用者而言，并不需要太多时间，对于背景复杂的图像，人工处理常常是必要的（如图3–46）。

▲ 图3–46

（4）再新建一个路径，在靠近发丝但没有接触到发丝的位置上快速画出路径来，这是“路径2”（如图3–47）。

▲ 图3–47

（5）将“路径1”转为选区，创建新图层，将这个选区填为白色。将“路径2”转为选区，创建新图层，执行菜单命令“选择>反选”，然后将这个选区填为黑色，然后显示“图层1”（如图3–48）。

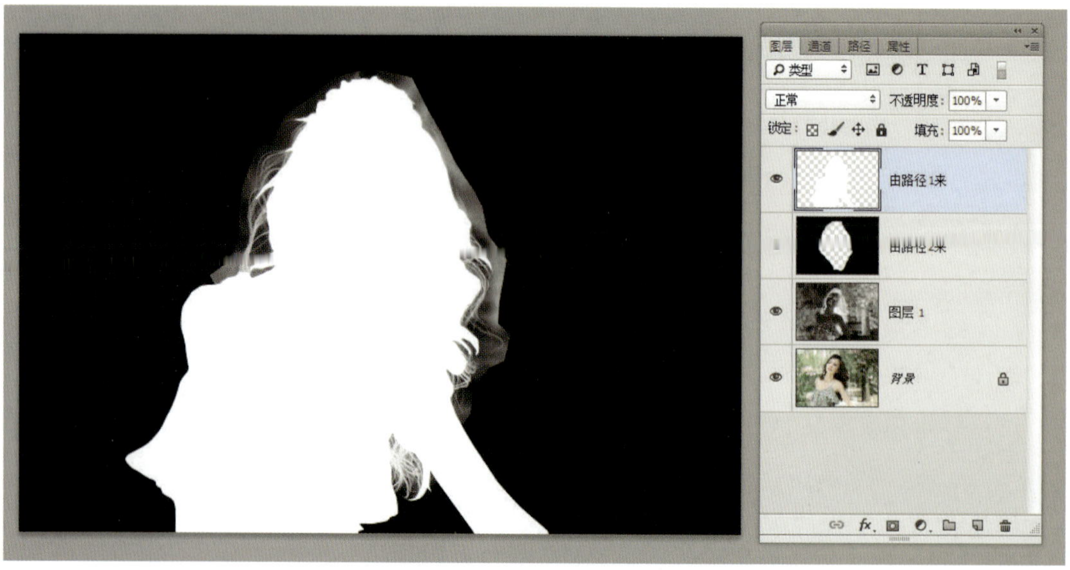

▲ 图3–48

（6）选中“图层1”，用色阶适度进行调色，增加对比度，注意保持层次（如图3–49）。

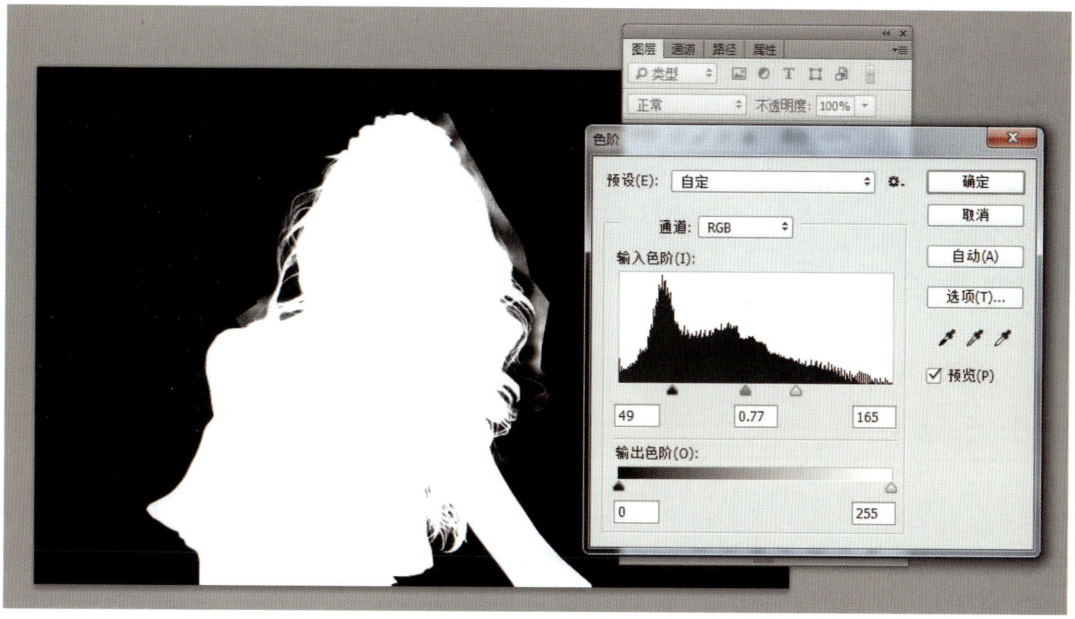

▲ 图3-49

（7）双击背景层，将其转化为普通图层（图层0），在其下面创建一个新图层，并填充一种颜色。将三个灰度图层合为一个图层，用加深工具加深阴影，用减淡工具减淡高光，必要时可用细笔刷来辅助绘画，直到把发丝的效果做理想（如图3-50）。

▲ 图3-50

（8）选中“图层1”，执行全选（“Ctrl+A”），再按下“Ctrl+C”。然后给“图层0”添加图层蒙版，按Alt键点击蒙版的预览图，进入蒙版视图，按下“Ctrl+V”，把图像贴入蒙版，隐藏图层1，可以看到图已经抠好了（如图3-51）。

▲ 图3-51

（9）打开新背景图文件（如图3-52），用“移动”工具将人物图片的图层0拖入到新背景图当中，放在合适的位置（如图3-53）。

▲ 图3-52

▲ 图3-53

（10）添加色彩平衡调整层，分别调整阴影、中间调和高光的色彩（如图3–54、图3–55）。

（11）创建剪贴蒙版，使色彩平衡仅仅影响人物图像（如图3–56），作品完成。

▲ 图3–54

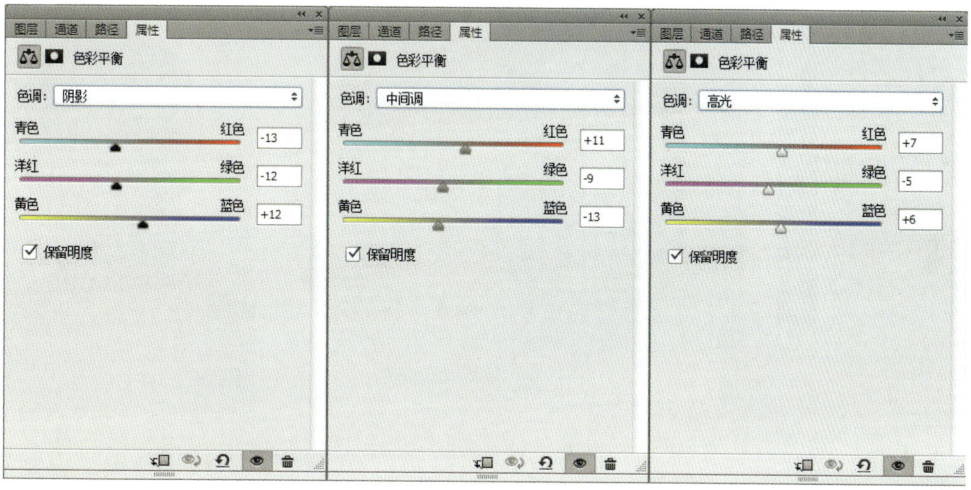

▲ 图3–55

▲ 图3–56

3.3 图像的融合与整合

学习要点 利用图层的透明度以及色彩混合模式融合与整合图像。

图像的整合常常意味着对图像进行裁切、置换、再造等操作，这个过程是创造性的，而不是机械性的，必须在操作者心目中有一个方向，主动地寻找合适的素材，有时还要制造素材。图像融合是PS特效的主要方法之一，主要运用渐变透明的方法让两个图片过渡叠加，最终融合到一起。

边学边练22

这个练习的目标是把人物头像与地球图像融合（如图3–57~图3–59）。

▲ 图3–57

▲ 图3–58

▲ 图3–59

（1）打开素材图片，首先要把地球的图像抠出来。这是一个圆形，可以直接用“椭圆选框”工具来抠图。用这个工具最大的困难是难以准确地画出与地球同样大小的圆形。这可以利用参考线来实现，用菜单命令“视图>标尺”（快捷键“Ctrl+R”）打开标尺，从标尺上拖出四条与地球相切的参考线。使用“椭圆选框”工具，首先让十字光标与左上角的参考线交叉点对齐，按下Shift键保持正圆，拖动鼠标到右下角参考线交叉点，这样一个位置合适的正圆就画出来了（如图3–60）。

▲ 图3–60

（2）按下“Ctrl+C”，切换到女人头像图片，按下“Ctrl+V”，把地球图像贴入女人头像图像当中。存储为psd格式文件，取好名称（如图3–61）。

（3）隐藏图层创建新图层“辅助抠图像素”，这一层的颜色和形状并不是作品的一部分，是帮助抠图用的。用“多边形套索”工具，画出人物五官的形状，这部分需要比别的部分清晰，所以要单独处理，画好后隐藏这一图层（如图3–62）。

▲ 图3–61

▲ 图3–62

（4）给地球图像所在的图层添加图层蒙版，给蒙版整体填充黑色。用“快速选择”工具，或者“多边形套索”工具，或者二者结合，绘制出女人面部区域的形状，然后给这个区域填充一种很浅的灰色。调出图层“辅助抠图像素”的不透明区域为选区，然后在地球图像所在的图层添加图层蒙版并填充略深一些的灰色，完成图层蒙版的制作（如图3–63）。

（5）将地球图像所在的图层的混合模式设为“正片叠底”，初步看到作品的效果（如图3–64）。

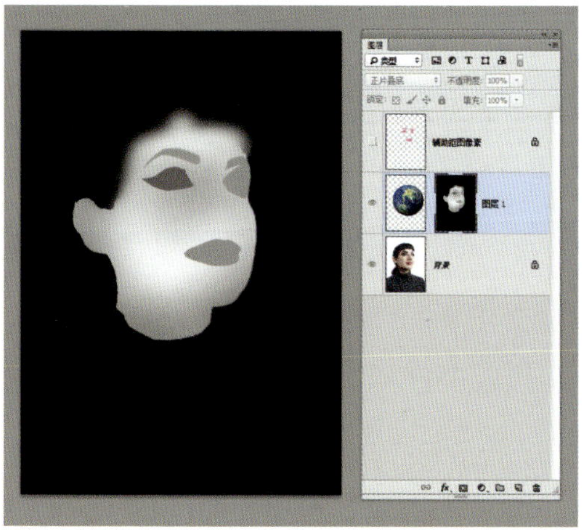

▲ 图3–63

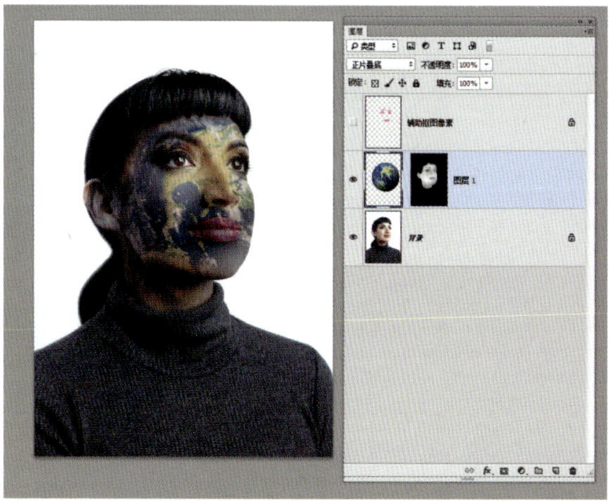

▲ 图3–64

（6）添加“色阶”调整层，将这一层设为剪贴蒙版，仅仅对女人面部的区域起作用，将其调亮些（如图3–65）。

（7）添加“色相饱和度”调整层，将整体色调、饱和度、明度调整优化（如图3–66、图3–67）。

（8）在地球所在图层与背景层之间创建新图层，使用渐变工具，使用深蓝色向白色渐变来填充图层，设图层混合模式为“正片叠底”，降低图层不透明度，作品完成（如图3–68）。

▲ 图3–65

▲ 图3–66

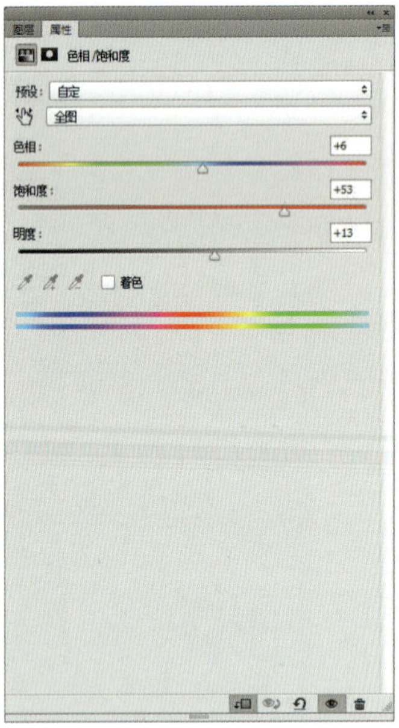

▲ 图3–67

▲ 图3–68

第4章

P A R T 4

Adobe Photoshop 综合实践

本章是对PS综合能力的全面锻炼，案例开始变得比较复杂，在操作过程中的实验性与探索性比较突出。PS是一个以处理图像层次与色彩关系见长的软件，在使用这一软件进行创作的过程中，要不断地想方法塑造与整合色彩、形象与光影这些要素。

学习目标： 全面复习前面所学的知识，灵活地使用软件。

学习重点： 创造性地使用软件。

4.1 PS综合实践1：人物形象变形整合

边学边练23

本例的任务是将两个图像整合到一起，把一个人物照片的头部劈开，让插画蝙蝠侠的头从中冲出来。这就涉及一系列的操作（如图4-1~图4-3）。

▲ 图4-1

▲ 图4-2

▲ 图4-3

（1）新建一个文件，设定大小为800×800像素，取名为“badman.psd”。打开人物素材图像，用“选择”工具将它拖入badman.psd文件当中，拼合图层。

（2）复制背景图层，使用“快速选择”工具，在人物头部各个区域涂抹，迅速将人物头部大致选取出来（如图4-4）。

▲ 图4-4

（3）执行菜单命令“选择>调整边缘”，调出“调整边缘”对话框，使用黑白视图，用“调整半径”工具，将发丝部分选出来（如图4–5）。

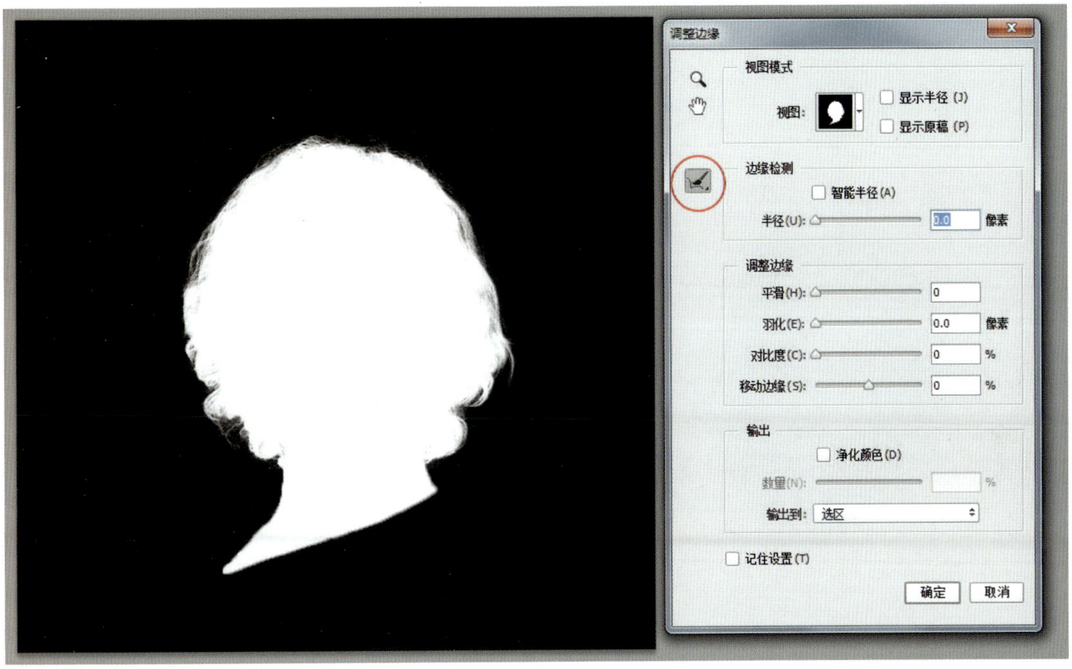

▲ 图4–5

（4）将这个选区加载为“背景 拷贝”的图层蒙版，在背景图层与“背景 拷贝”图层之间，创建一个新图层，填充红色。经观察发现，“背景 拷贝”很多区域透出了红色，这表明图层蒙版还需要处理（如图4–6）。按Alt键进入层蒙版显示状态，用白色的笔刷将不该透明的区域填白。必要时可用色阶操作，加大对比度，完成抠图（如图4–7）。

▲ 图4–6

（5）复制“背景 拷贝”为“背景 拷贝2”，删除并应用其图层蒙版（如图4–8）。

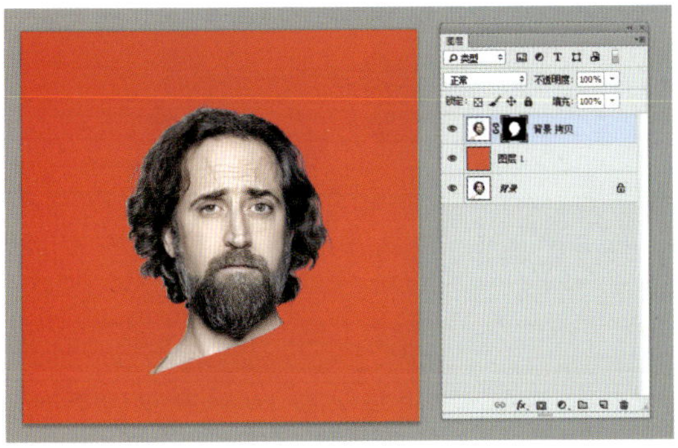

▲ 图4–7

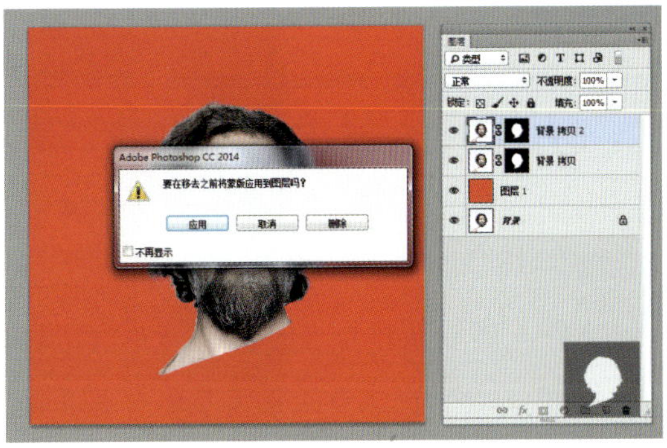

▲ 图4–8

（6）打开“路径”功能面板，沿人物头部的中线，考虑人体的起伏与透视关系，画出半边脸的区域（如图4–9）。

（7）将路径转换为选区，在新图层上粘贴出半个头部。创建新图层，将它置于图层“左半边头”的下面，取名“左边的线”，利用现有形状，再加以补充和修改，完成被劈开后的厚度线条（如图4–10）。

▲ 图4–9

▲ 图4–10

（8）同样的做法，把右半边头和相应的线条也做出来（如图4–11）。

（9）打开蝙蝠侠的图片，用“快速选择”工具将蝙蝠侠的头部抠出来，先后按下“Ctrl+C”和“Ctrl+V”，粘贴到badman.psd文件当中（如图4–12）。

▲ 图4–11

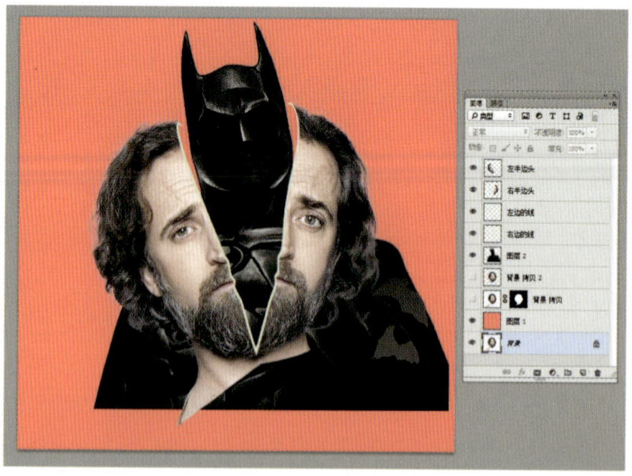

▲ 图4–12

（10）给各个图层增加图层蒙版，处理图层蒙版，把图像之间的关系处理好，隐藏相互拼接的痕迹（如图4–13）。

（11）复制背景层，形成“背景 拷贝3”，在人物头部的区域，用“椭圆选框”工具画一个圆。在里面填充与周围的白色相近的颜色（用“吸管”工具吸取），这时可以看到，由于背景不是均匀的，这种方法填充出来的颜色总会和背景不太相同，有一条痕迹。使用

“修补”工具，将这条痕迹修掉（如图4–14）。

▲ 图4–13

▲ 图4–14

（12）创建新图层，画一个红色的圆，再复制这一层，两层分别是“红眼1”“红眼2”。图层“红眼1”使用“叠加”混合模式，图层“红眼2”使用滤色混合模式，40%不透明度。这样就产生了一个亮红的高光和暗红的眼睛（如图4–15）。

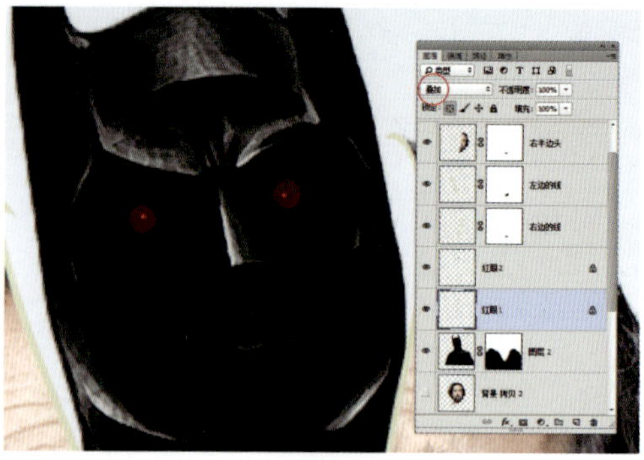

▲ 图4–15

（13）创建新图层，取名为“颅内阴影”并绘制形状、填色。在它的上方创建一个剪贴蒙版，用笔刷刷红色，取名“颅内红”（如图4–16）。

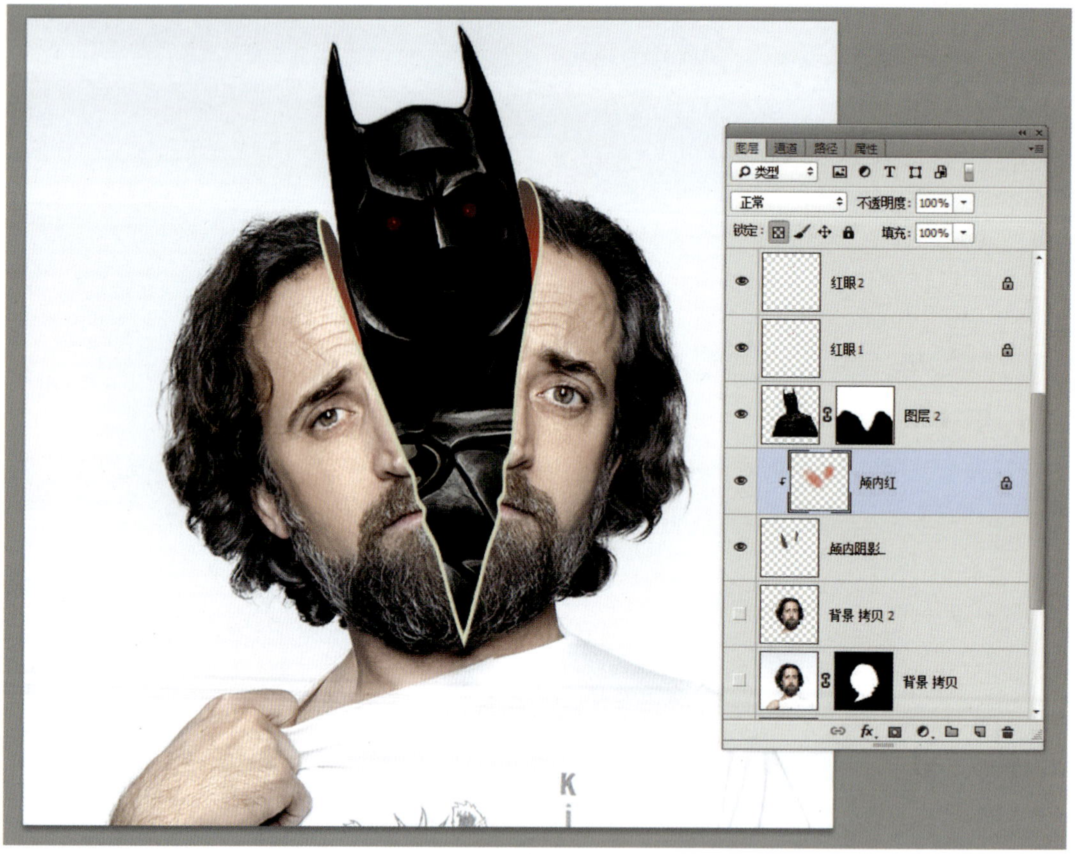

▲ 图4–16

（14）使用“渐变工具”，设为渐变透明，创建新图层并拉出垂直渐变（如图4–17）。

（15）将渐变图层的混合模式设为“正片叠底”，创建红色与蓝色两种渐变（如图4–18）。

（16）为了增强下面的红色效果，复制一个红色渐变图层，并调整它的位置和高度（如图4–19）。

（17）此时，蝙蝠侠的红眼睛显得不够明显，所以在蓝色渐变图层上添加图层蒙版，转换“红眼1”的不透明区域为选区，在蓝色渐变图层的图层蒙版上填充黑色，让这两个红眼睛透出来。最后使用“横排文字”工具，找到合适的字体，加上文字，制作完成（如图4–20）。

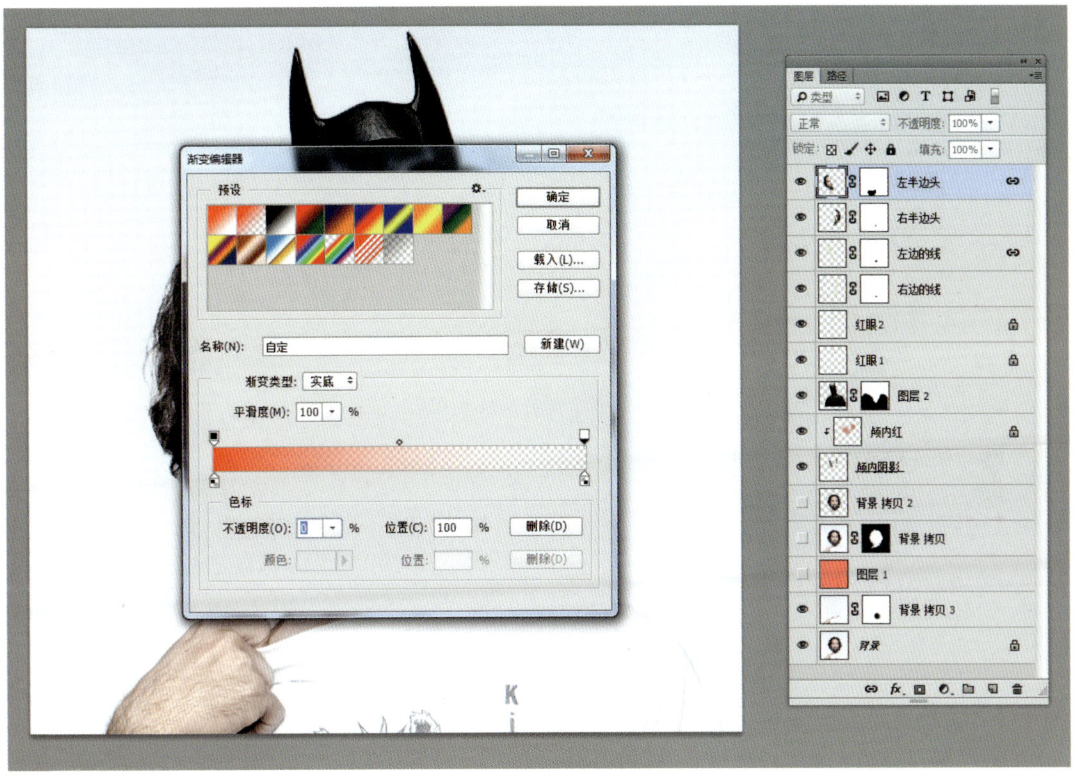

▲ 图4–17

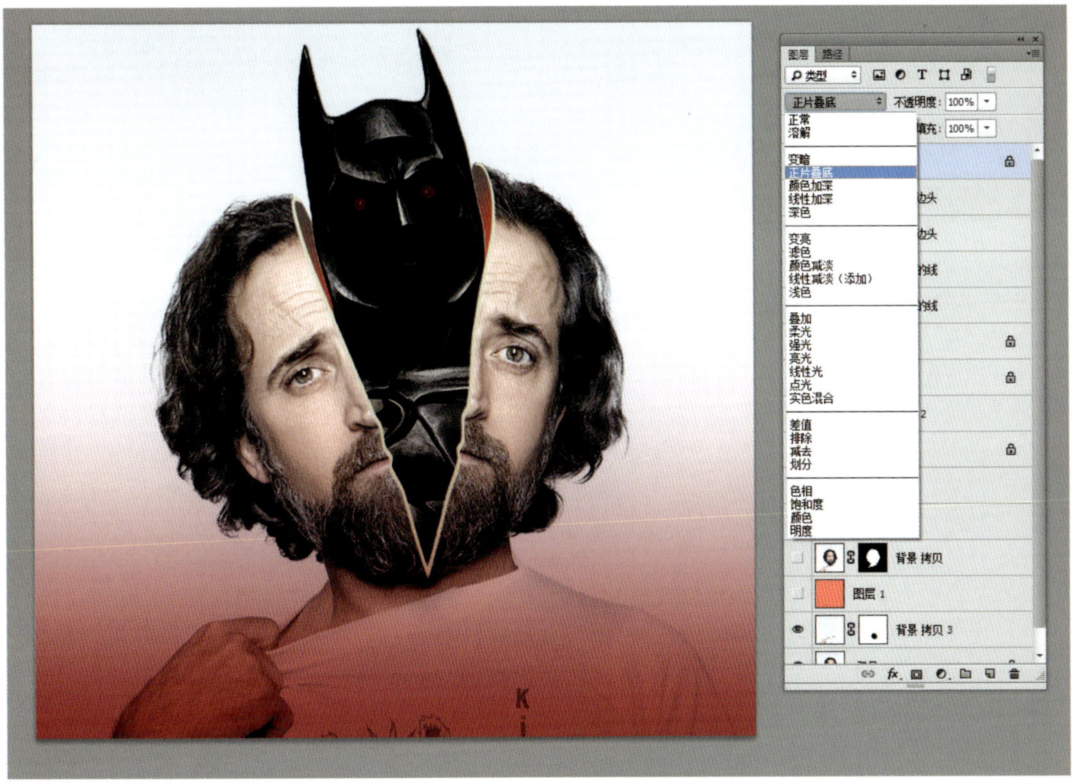

▲ 图4–18

图层
路径
类型
正片叠底
不透明度: 79%
锁定:
填充: 100%
蓝色渐变
红色渐变2
红色渐变1
左半边头
右半边头
左边的线
右边的线
红眼2
红眼1
图层 2
颊内红
颊内阴影
背景 拷贝 2
背景 拷贝
图层 1
背景 拷贝 3
背景

▲ 图4-19

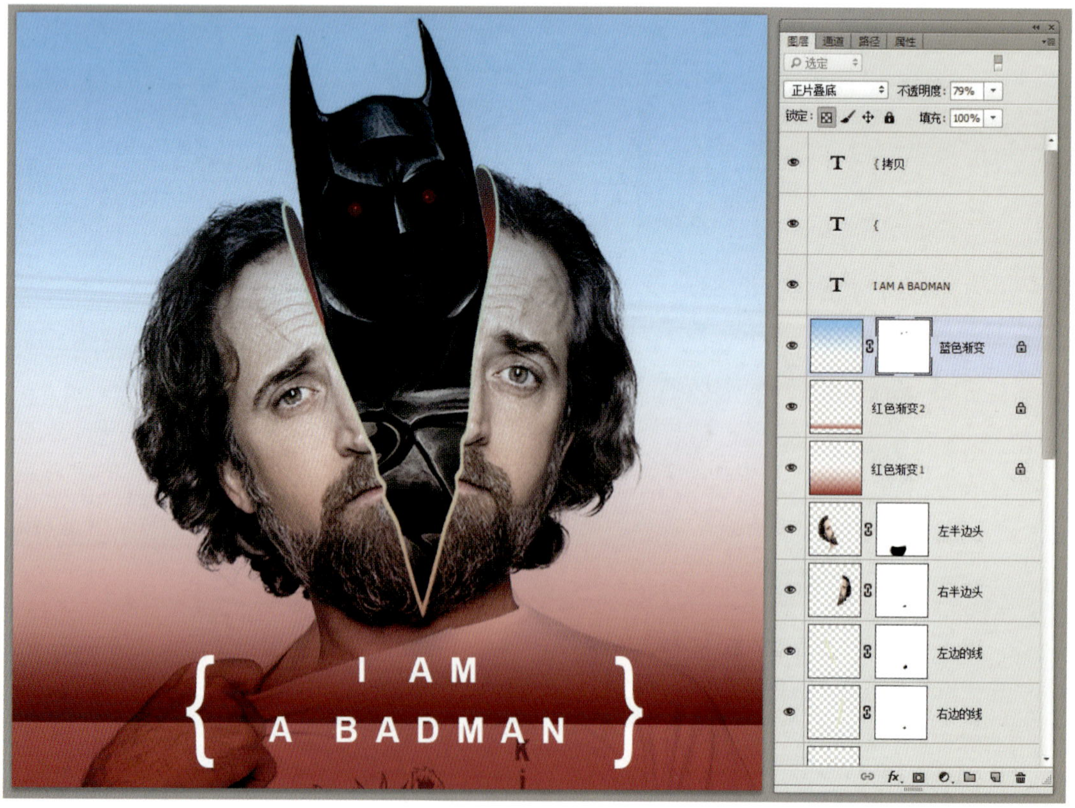
I AM
A BADMAN
图层
通道
路径
属性
选定
正片叠底
不透明度: 79%
锁定:
填充: 100%
{ 拷贝
{
I AM A BADMAN
蓝色渐变
红色渐变2
红色渐变1
左半边头
右半边头
左边的线
右边的线

▲ 图4-20

4.2 PS综合实践2：超现实场景创作

这个练习使用了4幅素材图像，对图像的效果进行了较大幅度的调整，这个过程也用到了PS大量的各方面的功能，包括抠图、调整等等。我们分两个练习来完成它（如图4-21~图4-25）。

▲ 图4-21

▲ 图4-22

▲ 图4-23

▲ 图4-24

▲ 图4-25

边学边练24

这个练习的任务是抠图，把女舞者从背景中分离出来。抠图工作前面也进行过，对于复杂的图像融合与整合来说，这一工作是不可避免的。抠图有很多智能工具，比如“快速选择”工具、“调整边缘”工具等，但这些工具都不具备全天候的可用性，对于色彩轮廓比较复杂的图形，它们常常是不好用的，所以必须掌握一些基本办法，如路径抠图、“多边形套索”工具抠图等。此外，要善于使用通道。

抠图时，连使用“钢笔”工具、“多边形套索”工具这些笨办法都无法很好地进行这一工作。此时，就要更加注意能否使用通道了。

（1）打开“舞蹈的人”素材图片，创建新图层“辅助抠图像素”，用“快速选择”工具，结合“多边形套索”工具将女舞者非发丝部分选区画出来，然后在这一层上填充颜色，为了看清楚，可以将层不透明度设低一些（如图4–26）。

（2）将图层“辅助抠图像素”的不透明区域转为选区，在背景层上按“Ctrl+C”“Ctrl+V”，粘贴出一个新图层“身体与一部分头发”（如图4–27）。

▲ 图4–26

▲ 图4–27

（3）打开“通道”功能面板，查看各个通道，会发现其中红色通道的发丝比较整齐，颜色对比明确。故选用此通道，复制红通道取名“红 拷贝”（如图4–28）。

（4）将发丝区域以外的颜色都填为黑色（如图4–29）。

（5）使用“色阶”（Ctrl+L），调整明暗，使之对比加强（如图4–30）。

▲ 图4–28

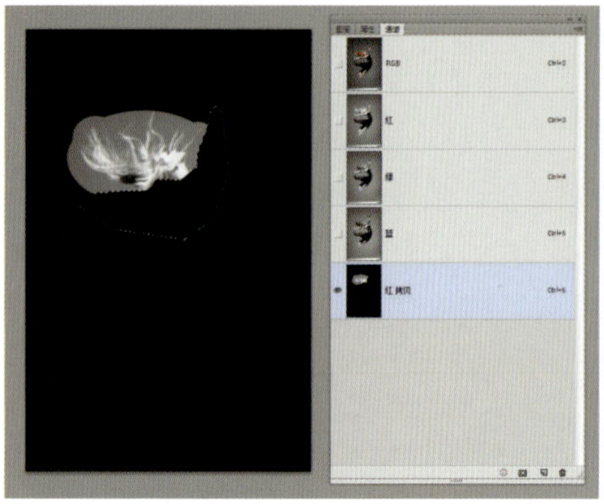

▲ 图4-29

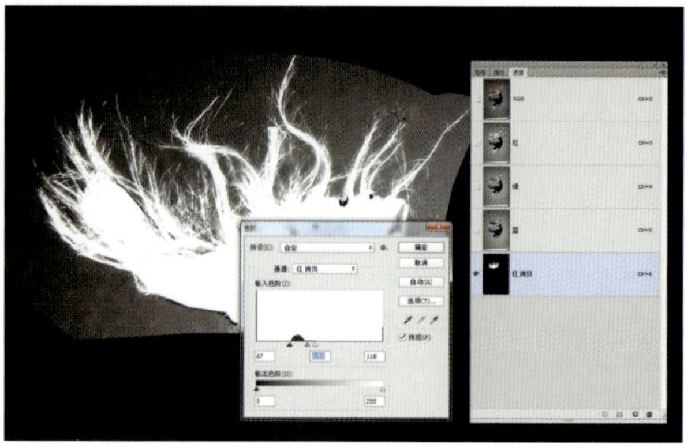

▲ 图4-30

（6）交替使用“减淡”工具减淡高光，“加深”工具加深阴影，细心调整使之成为对比明确的黑白图像，注意保持发丝的层次与细节（如图4-31）。

（7）将“红拷贝”转换为选区，找到图层面板，拷贝背景图层，粘贴到新图层“头发”。新建一个深蓝色底色，这样抠图工作就结束了。在使用时，需要将“身体与一部分头发”和“头发”两个图层合并（如图4-32）。

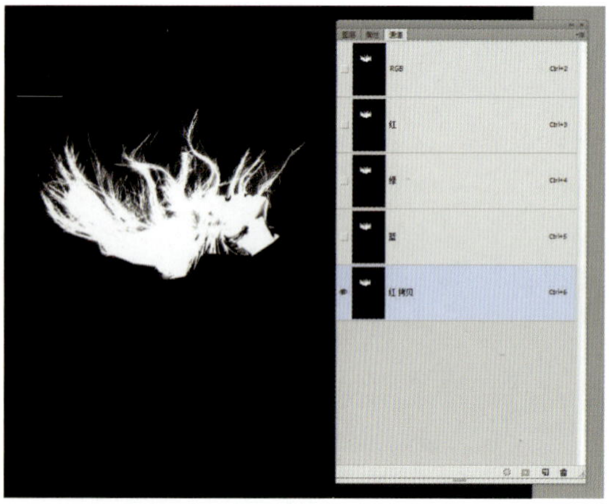

▲ 图4-31

▲ 图4-32

边学边练25

（1）打开鹿头原始文件，将上一个练习抠图完成的女舞者粘贴进入这个文件，给这一图层取名“舞蹈的人”。并且复制这个图层，取名“舞蹈的人2”，按下“Ctrl+T”，点右键镜像这一图形，将两位舞者置于合适的位置（如图4-33）。

▲ 图4-33

（2）为了增加层次效果，给“舞蹈的人2”这个图层加上图层蒙版，使其与画面左侧鹿角位置重叠的部分透明，看起来是置于鹿角后面的效果（如图4-34）。

（3）为了突出金色的相框，而且也为了接下来降低背景的色调，增加深度感和神秘感。将背景层复制一份，取名“上层画框”，放在最上层，并且给这一层添加图层蒙版，让它漂浮起来，并且让舞者一部分被它挡在后面，它又有一部分被舞者挡在后面，造成空间的缠绕（如图4-35）。

▲ 图4-34

▲ 图4-35

（4）给图层“上层画框”添加投影图层样式，增强空间感（如图4-36）。

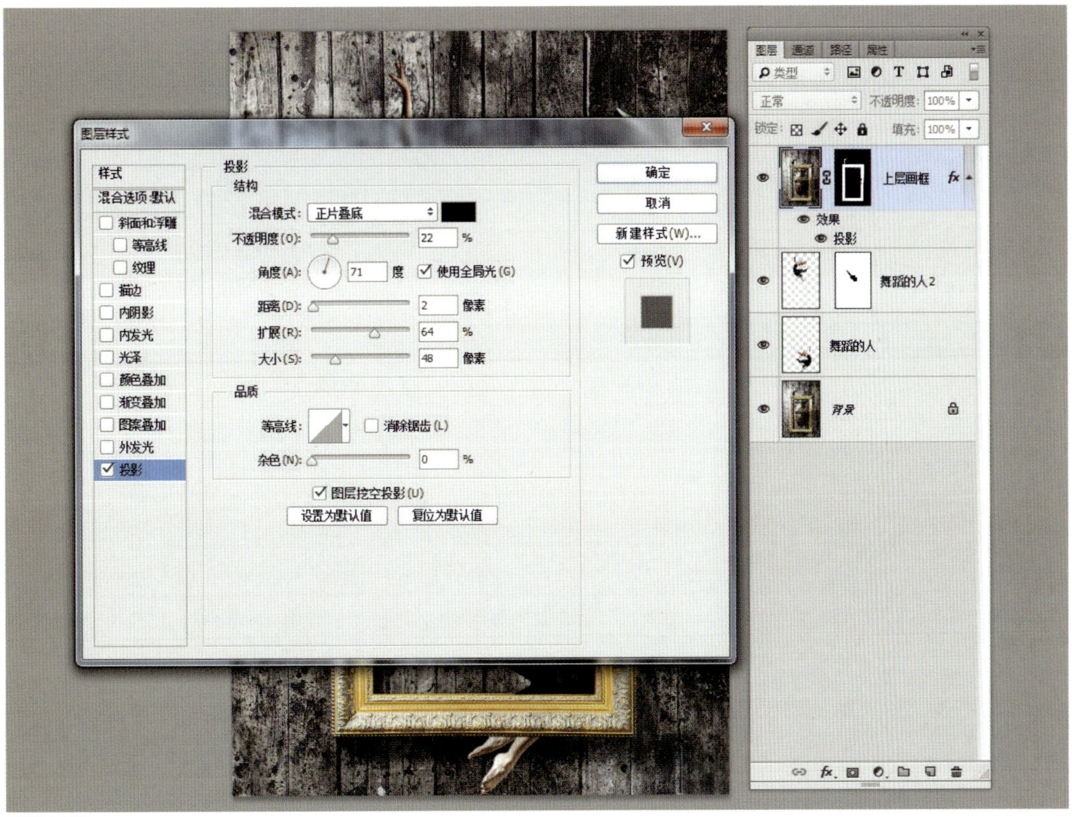

▲ 图4-36

（5）在背景层上方添加色阶调整层，让整个画面的背景变暗（如图4–37）。

（6）编辑色阶调整层的图层蒙版，让鹿头部分不受色阶的影响，与阴暗的背景区别开来（如图4–38）。

▲ 图4–37

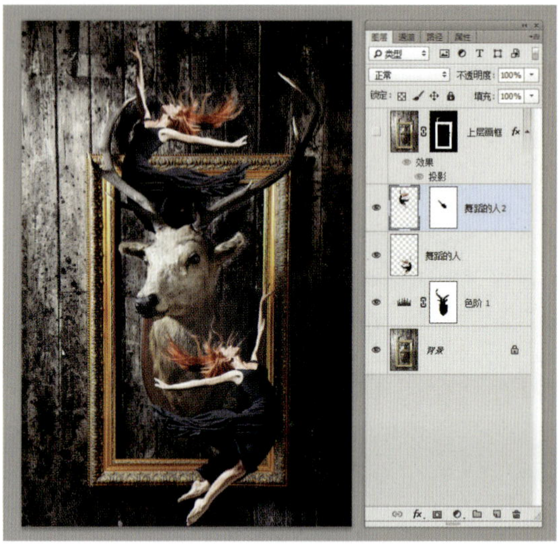

▲ 图4–38

（7）添加色彩平衡调整层，让整个色调变得更冷，使画面集中于蓝色与橙色这一对互补色的色彩关系，减少其他色相（如图4–39、图4–40）。

▲ 图4–39

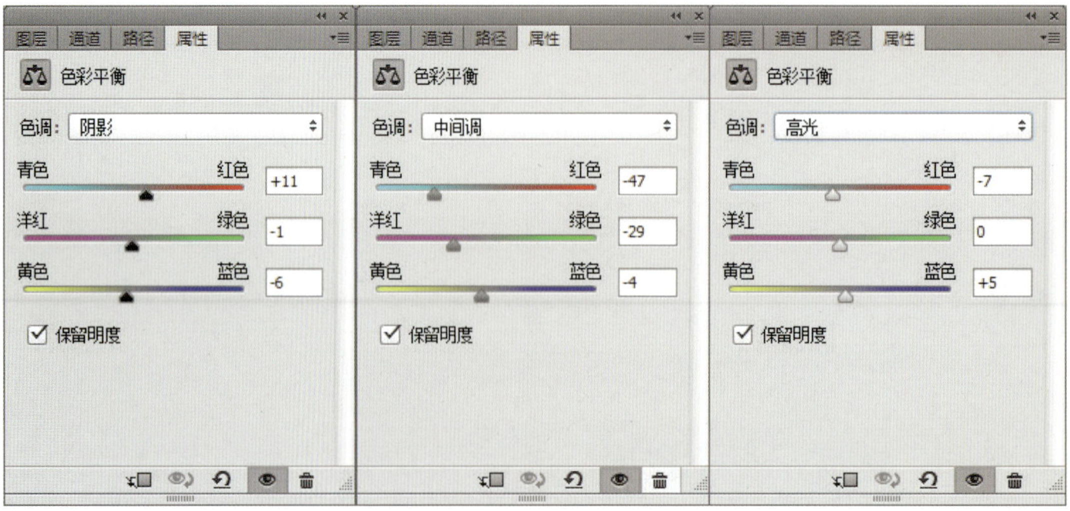

▲ 图4–40

（8）通过对图层蒙版的色阶调整，将两个舞者调亮一些，与背景的暗调拉开距离（如图4–41）。

（9）再添加色彩平衡调整层，增加人物头发色彩的艳度，变得更红，与偏冷的背景拉开距离（如图4–42）。

▲ 图4–41

▲ 图4–42

（10）将海洋和沙漠（沙漠图片要先抠图，这个很简单，就不讲了）的图片拖入文件，放在合适的位置上，调整好大小（如图4–43）。

（11）仔细处理海洋和沙漠两个图层的图层蒙版，达到令人满意的效果（如图4–44）。

▲ 图4–43

▲ 图4–44

4.3 PS综合实践3：肌理与质感的融合

这个练习的重点在于充分利用图层的色彩混合模式、图层蒙版的相关技巧，不断地挑战图像之间的层叠关系顺序，达到在保证形态可识别的基础上，能够相互渗透与融合的目的，制造一种迷人的空间关系（如图4–45~图4–48）。

▲ 图4–45

▲ 图4–46

▲ 图4–47

▲ 图4–48

边学边练26

（1）新建一个psd文件，将三张素材图片拖入文件，分别命名为“肌理”“插画”“眼睛”（如图4–49）。

（2）为了让画面的秩序趋于一致，用自由变换工具调整“插画”层，使之倾斜（如图4–50）。

（3）使用“横排文字”工具，找到合适的字体，打上“VISUAL COMMUNICATION”字样（如图4–51）。

（4）为了给文字增加风格，先设计文字断点的大小和位置。创建一个新的图层“线条”，在上面画出相应的位置（如图4–52）。

（5）将文字图层转换为选区，创建新图层“VC栅格”并在上面填充白色，形成栅格化的点阵图文字，然后建立图层蒙版，将“线条”图层的不透明度转为选区，然后在“VC栅格”图层的图层蒙版上填充黑色，字体的断线效果完成（如图4–53）。

▲ 图4-49

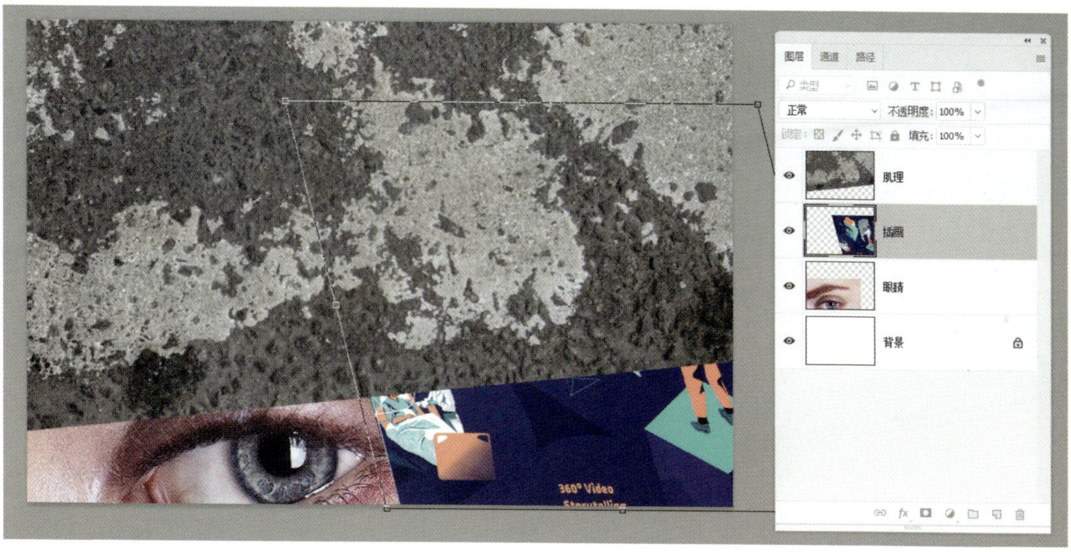

▲ 图4-50

▲ 图4-51

▲ 图4–52

▲ 图4–53

（6）旋转文字并且摆放到正确的位置上（如图4–54）。

▲ 图4–54

（7）将图层“肌理”的色彩混合模式设为“正片叠底”，打破图层之间的层次关系（如图4-55）。

（8）打上汉字，并处理好字符间距，跟随英文旋转角度，须汉字放置在合适的位置上，给图层“VC栅格”添加阴影图层样式产生空间感（如图4-56）。

▲ 图4-55

▲ 图4-56

（9）将图层“肌理”复制一份，并且给它添加图层蒙版，使它的下半部显出一定的透明性（如图4-57）。

（10）在图层“眼睛”上方加入渐变映射调整层，用一种低纯度的蓝色调取代自然色彩，减少现实性。之后降低渐变映射调整层的不透明度，在一定程度上恢复自然色彩（如图4-58、图4-59）。

▲ 图4–57

▲ 图4–58

▲ 图4–59

（11）用“吸管”工具吸取右边插画上的橙色，在眼睛的左边做一条由橙色到透明的渐变，平衡画面的形状关系与色彩关系（如图4–60）。

（12）复制图层“插画”到“肌理 拷贝”上方，将其色彩混合模式调为“变亮”，再度增加画面的复杂性，几个图形开始混合到一起，相互在空间中有了穿插的感觉（如图4–61）。

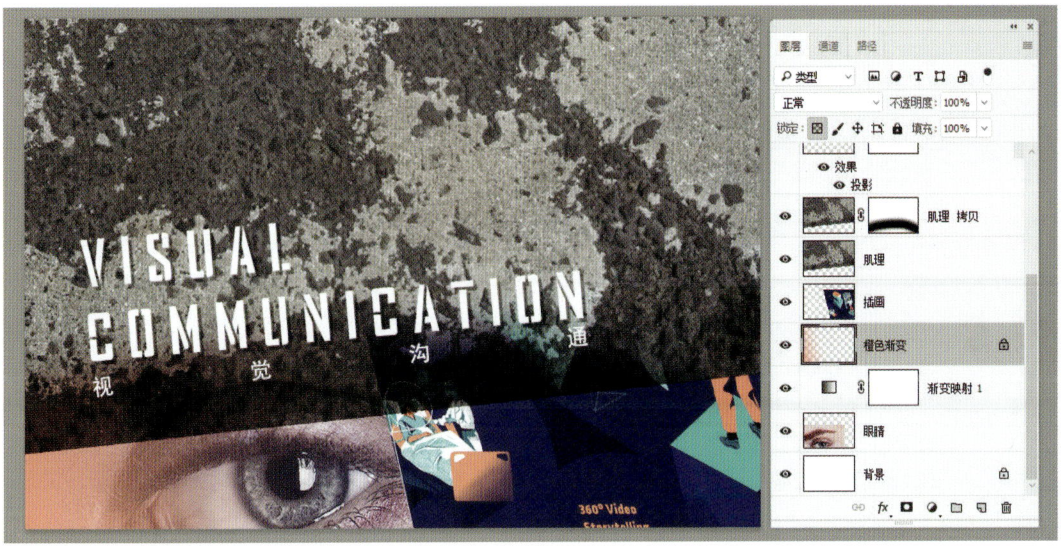

▲ 图4–60

▲ 图4–61

（13）再次复制图层“肌理”为“肌理 拷贝2”，减少刚才操作对秩序感的破坏（设计就是这样，在破与立之间循环，层层推进）。并且给它添加图层蒙版，改变它局部的不透明度，让插画中的人物与房子似乎从底层穿透过来（如图4–62）。

（14）在图层“肌理 拷贝2”上方添加一个可选颜色调整层，调整中性色，增加青色，减少黄色，并且让这一层成为它的剪贴蒙版，这样上半部深灰色调就开始与画面的深蓝色调相一致了（如图4–63、64）。

▲ 图4–62

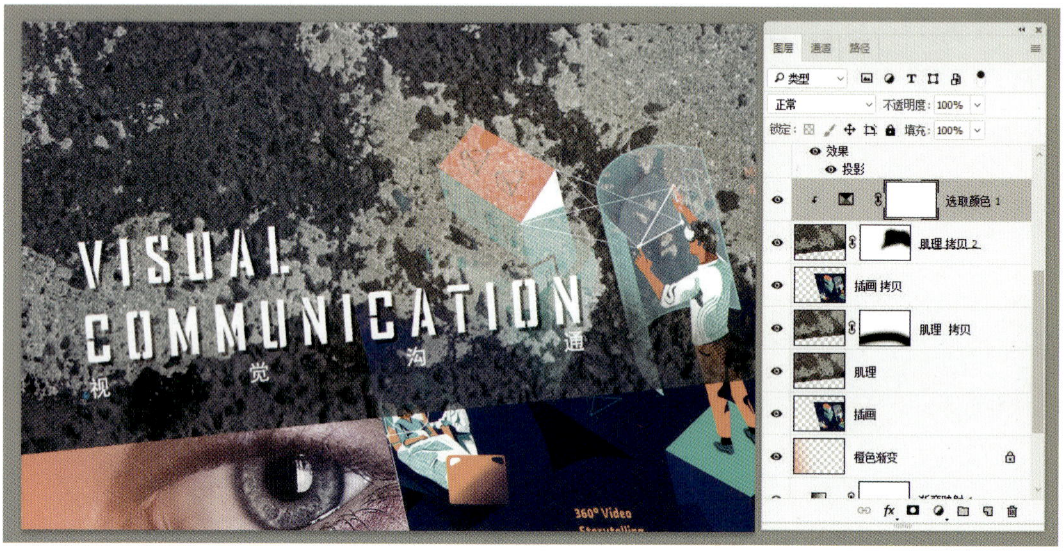

▲ 图4–63

（15）添加“色相/饱和度”调整层，并让它成为图层“插画 拷贝”的剪贴蒙版，目的是降低插画下半部分的纯度，所以在添加之后，又给它添加了图层蒙版，让调整层上半部有图的部分变得透明而失效，于是作品完成了（如图4–65）。

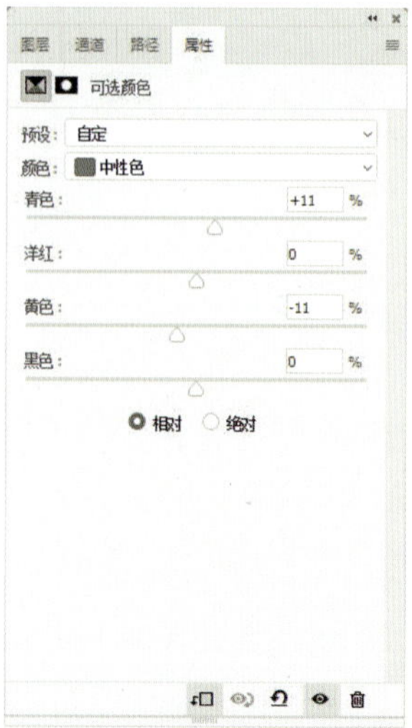

▲ 图4–64

▲ 图4-65

4.4 PS综合实践4：特殊效果实践

要制作一个酒瓶形状的画框，并且让整个画面协调起来，这又是一个超现实的PS创作。工作的重点是用现有的素材，重组出酒瓶画框的形状。第一步的任务就是整理素材，让它可以比较容易操作和拼接（如图4–66~图4–70）。

▲ 图4–66

▲ 图4–67

▲ 图4–68

▲ 图4–69

▲ 图4–70

边学边练27

（1）打开素材文件“画框”，准备选取样本。按下“Ctrl+R”打开标尺，从标尺中拉出参考线，对照参考线可以知道，原始素材的文件并不十分规整，有些位置对不齐。稍微把选区做大一点，选中上方横框中的一部分，先后按下“Ctrl+C”“Ctrl+V”，将素材文件粘贴到新图层（如图4–71）。

（2）放大微调素材，为了看清楚，创建新图层“图层2”，用深颜色衬托参考线（如图4–72）。

▲ 图4–71

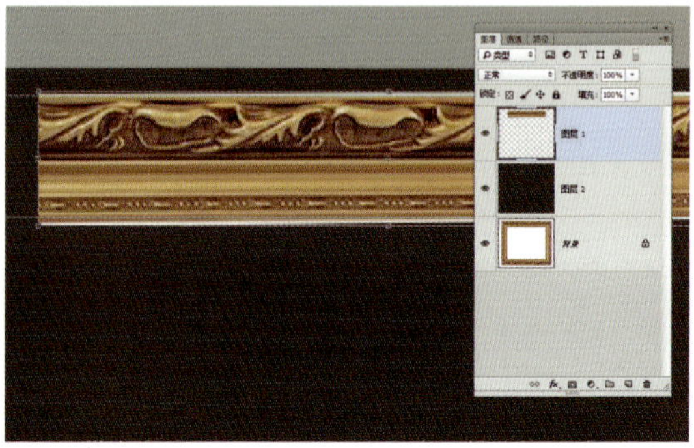

▲ 图4–72

（3）素材调整整齐之后，分析素材，寻找其重复的规律，确定基本单元，并画出参考线（如图4–73）。

（4）复制“图层1”为“图层1拷贝”，将其向右移动，让它的纹理尽量与“图层1”相应位置上的纹理相重合。可以看到，此时素材相接的地方有一个明显的痕迹（如图4–74）。

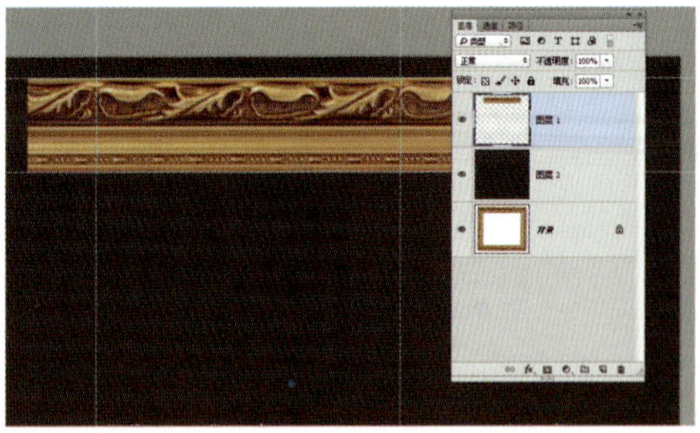

▲ 图4–73

▲ 图4–74

（5）给“图层1拷贝”添加图层蒙版，让素材均匀过渡，看不出痕迹（如图4–75）。

（6）合并“图层1”与“图层1拷贝”，基本素材完成（如图4–76）。

（7）新建文件“酒瓶画框.psd”，设置文件大小为600×900像素。置入素材文件“背景纸张”，调整方向和大小（如图4–77）。

（8）将先前完成的画框边条的素材拖入“酒瓶画框.psd”，用自由变换命令旋转它，使之垂直（如图4–78）。

（9）打开“路径”功能面板，创建新路径“路径1”，用“钢笔”工具画出酒瓶的形状，可以先画出左半部分，复制一份，然后用自由变换命令进行水平翻转，把酒瓶的两边画完（如图4–79）。然后再用“钢笔”工具将两边连接起来，形成一个闭合的路径（如图4–80）。

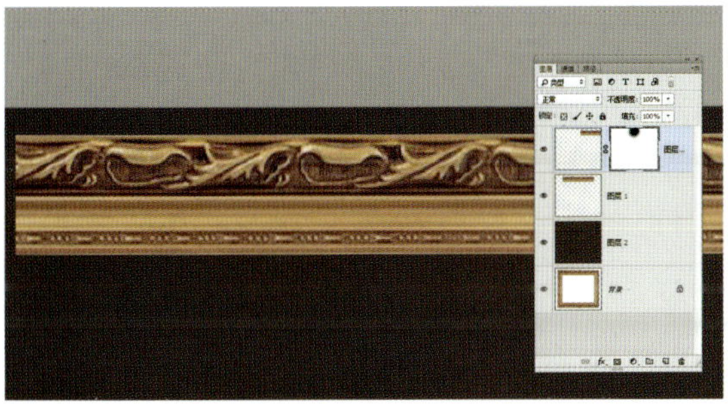

▲ 图4–75

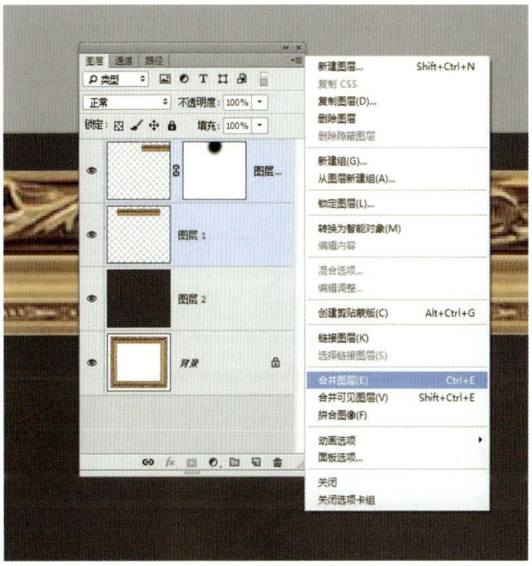

▲ 图4–76

▲ 图4–77

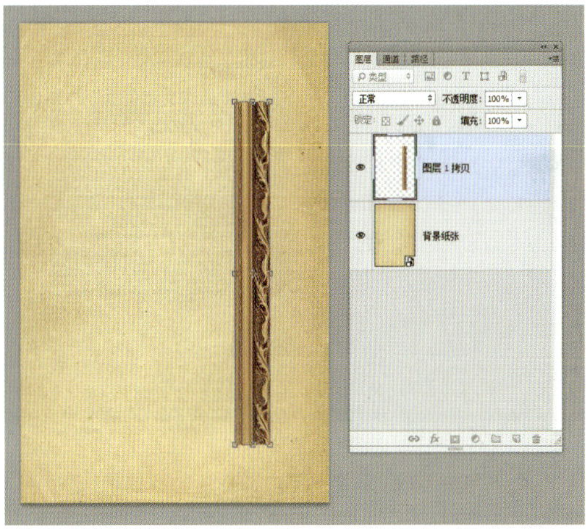

▲ 图4–78

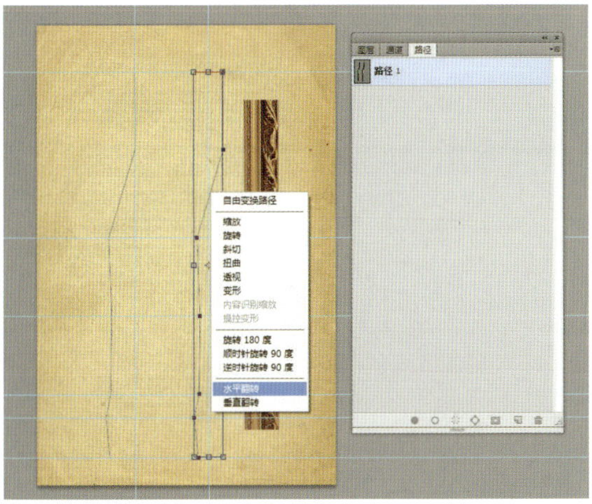

▲ 图4–79

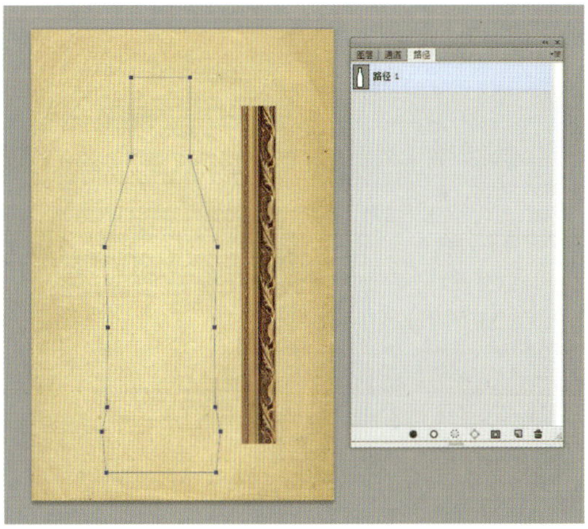

▲ 图4–80

（10）将“路径1”转换为选区，回到“图层”功能面板，创建新图层，填充颜色。这是一个参考图层，用于约束画框的形状。在后面的使用过程中，画框并没有完全按照它的形状来做，而是根据审美进行了调整（如图4–81）。

（11）将“边条素材”缩小到合适的大小，并复制一层，并且旋转至水平，调整好位置，形成画框的一个边角（如图4–82）。

▲ 图4–81

▲ 图4–82

（12）沿边角处做45° 斜切的选区，删除位于上方的边条这部分像素，完成一个边角的制作（如图4–83）。

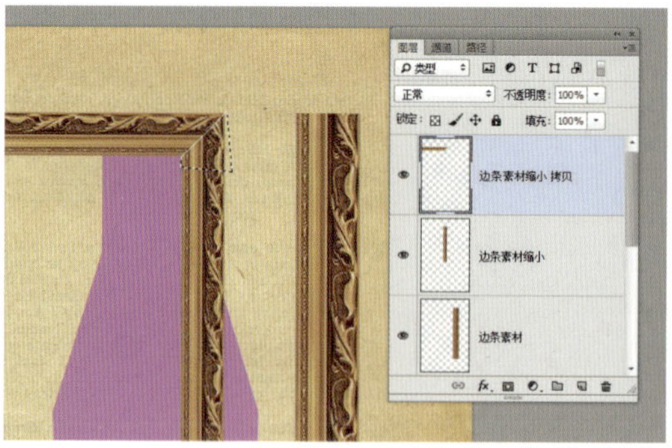

▲ 图4–83

（13）再复制一份缩小版的边条，沿酒瓶画框的形状，继续拼接，这个位置不太好做，为了看清楚，降低了位于上方图层的不透明度。先沿双方交叉点的连线切除上方图层多余的部分（如图4–84），再切除下方图层多余的部分，为了不出现缝隙，两个图层应有重叠部分（如图4–85）。这样一个钝角就完成了（如图4–86）。

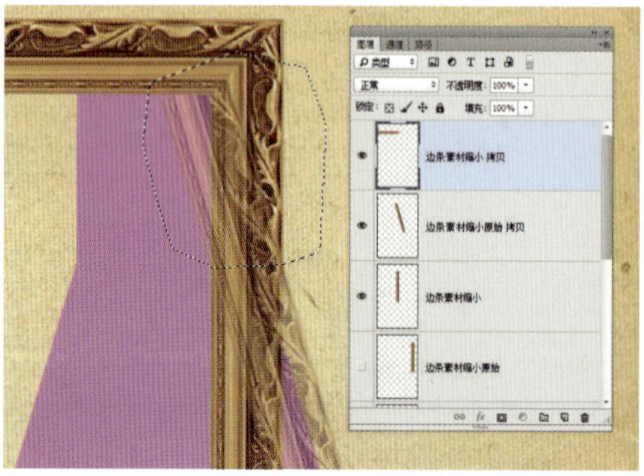

▲ 图4–84

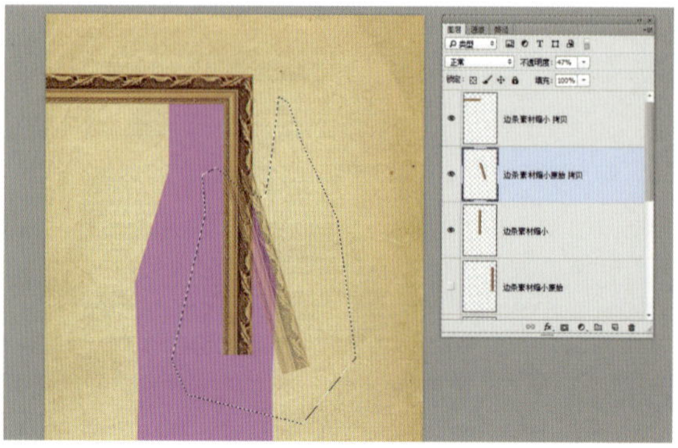

▲ 图4–85

（14）用同样的方法，可以完成其他角的制作，而且仅做好右半边就可以了，把右半边复制到左边，再镜像处理，然后无缝组合它们，整个酒瓶画框就完成了（如图4-87）。

▲ 图4-86

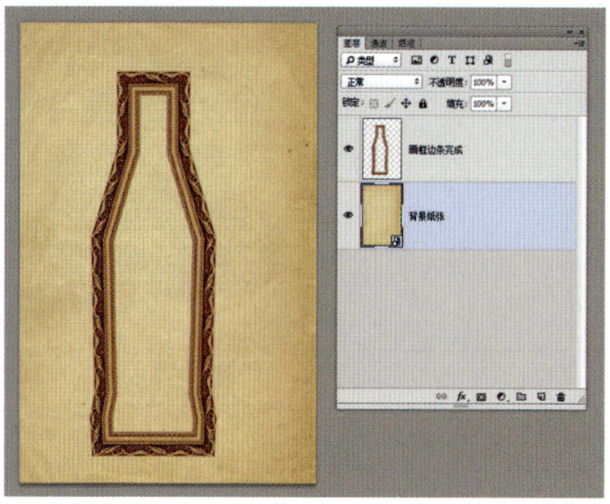

▲ 图4-87

（15）将插画素材拖入文件，给它添加图层蒙版，再次将“路径1”调出选区，编辑这个蒙版，给画框添加画芯（如图4-88）。

（16）给“画框边条完成”添加投影图层样式，让画框有立体感（如图4-89）。

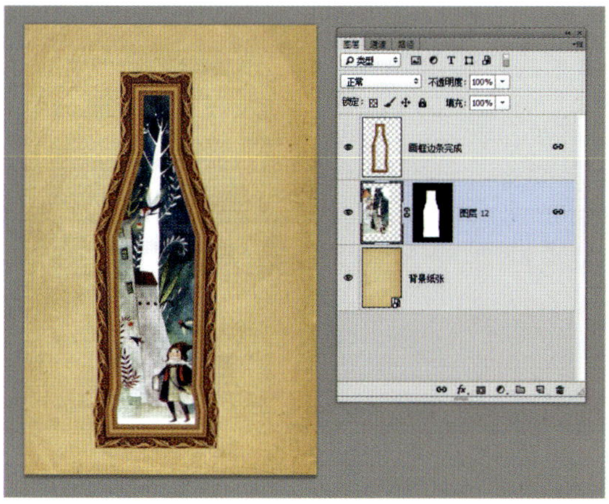

▲ 图4-88

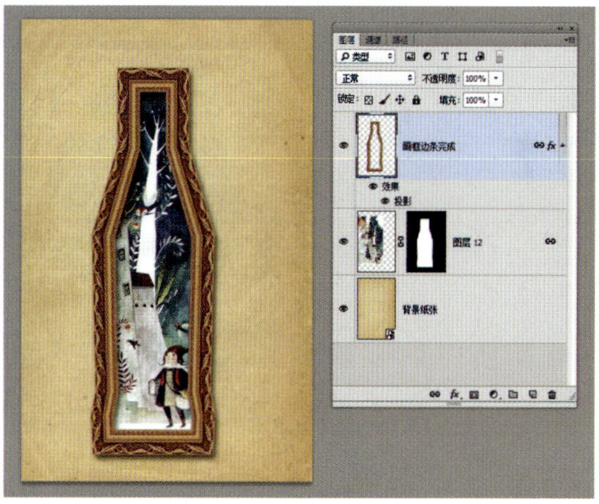

▲ 图4-89

（17）添加“色彩平衡”调整层，并使用图层蒙版，使之仅仅影响画芯的颜色（如图4-90、图4-91）。

（18）创建新组“画框边条”，将画框、画芯及相关调整层都放在这一组中（如图4-92）。

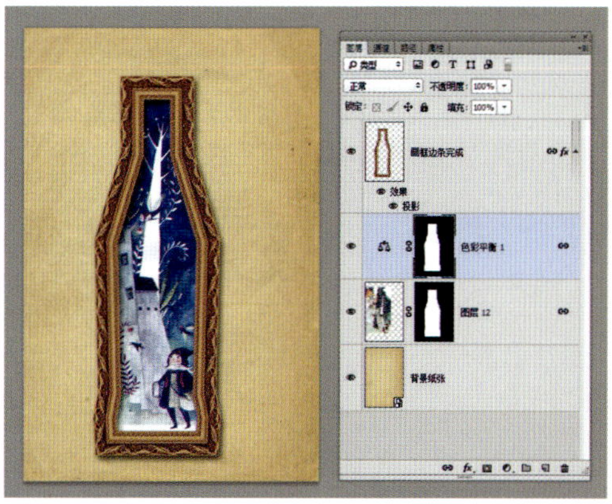

▲ 图4-90

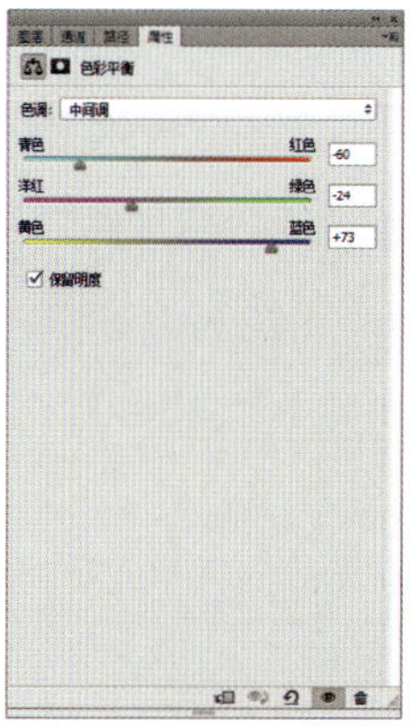

▲ 图4-91

（19）在“背景纸张”的上层，创建一个新图层，用一个比较大的软笔刷，斜着刷一个长长的白色条。这一层的混合模式使用“柔光”（如图4–93）。

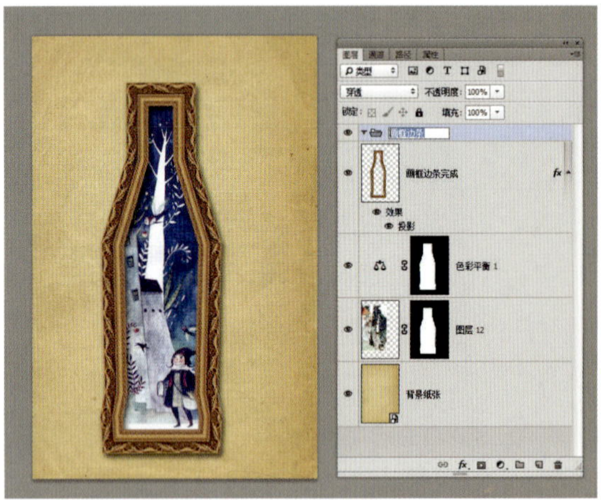

▲ 图4–92

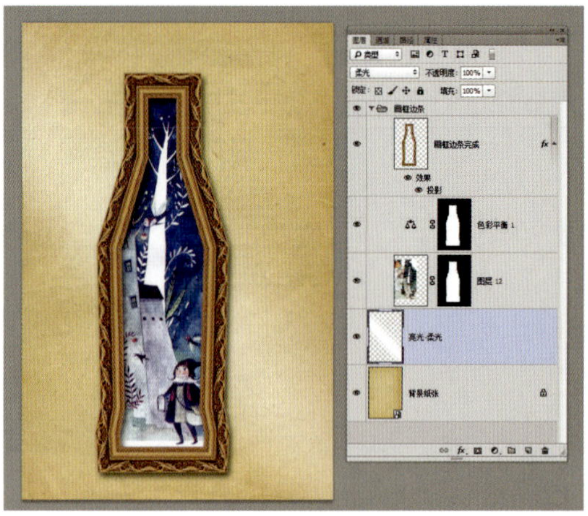

▲ 图4–93

（20）创建色相饱和度调整层，并且给它添加图层蒙版，让它主要影响边角，不影响中间（如图4–94、图4–95）。

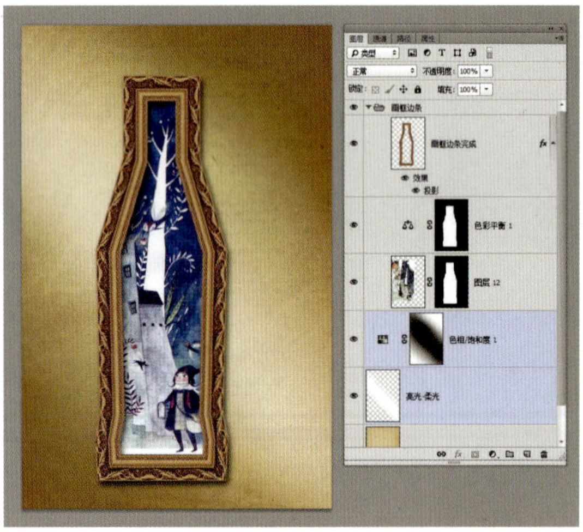

▲ 图4–94

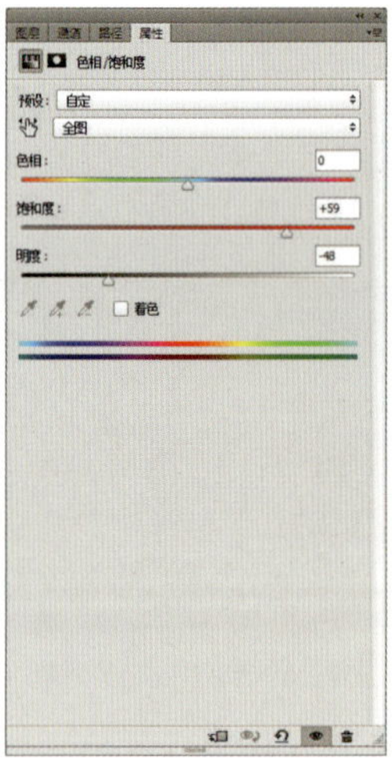

▲ 图4–95

（21）拖入“wwf标志”，将其缩小至合适的大小，并放置在左上角。设置这个图层的色彩混合模式为“正片叠底”（如图4–96）。

（22）为了突出一下这个标志，在它的下面添加一图层，用笔刷刷出一些白色，作品完成（如图4–97）。

WWF
图层
通道
路径
属性
类型
正片叠底
不透明度：100%
锁定：
填充：100%
wwf标志
画框边条
色相/饱和度 1
亮光-柔光
背景纸张

▲ 图4–96

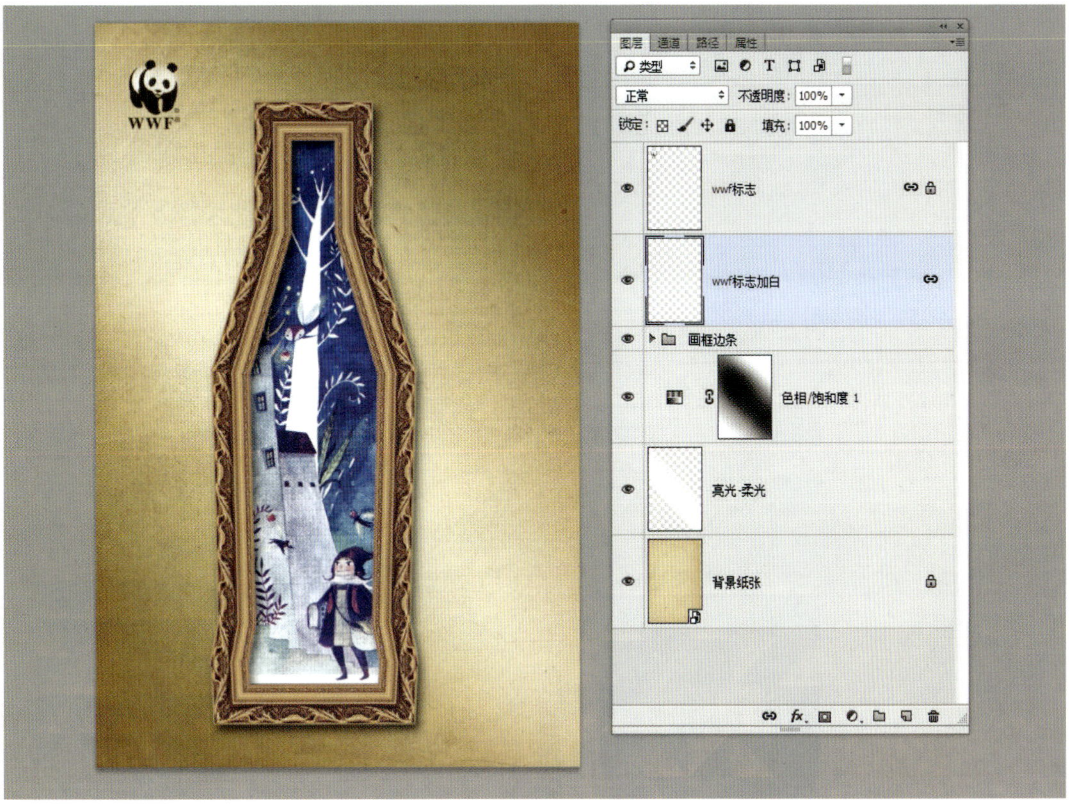
WWF
图层
通道
路径
属性
类型
正常
不透明度：100%
锁定：
填充：100%
wwf标志
wwf标志加白
画框边条
色相/饱和度 1
亮光-柔光
背景纸张

▲ 图4–97

计算机辅助设计

JISUANJI FUZHU SHEJI

第5章

PART 5

矢量图形的创建与组合

从本章开始学习Adobe Illustrator，这是一个很容易上手的软件，人机界面的设计十分人性化。功能强大而又有层次，即使刚刚学了很少的功能，也可以做出十分有意思的作品。

学习目标：熟悉Illustrator的基本界面和最基本的操作，能够完成简单的设计任务。

学习重点：选择对象与锚点、复制与再制、变换。

5.1 创建图形元素

学习要点 Adobe Illustrator界面总览、新建文件、使用工具栏。

Adobe Illustrator界面总览：

Adobe Illustrator（简称AI）的界面与PS类似，由菜单栏、工具栏、工作区、控制栏（PS里叫作“选项栏”）、功能面板和弹出窗口组成（如图5–1）。

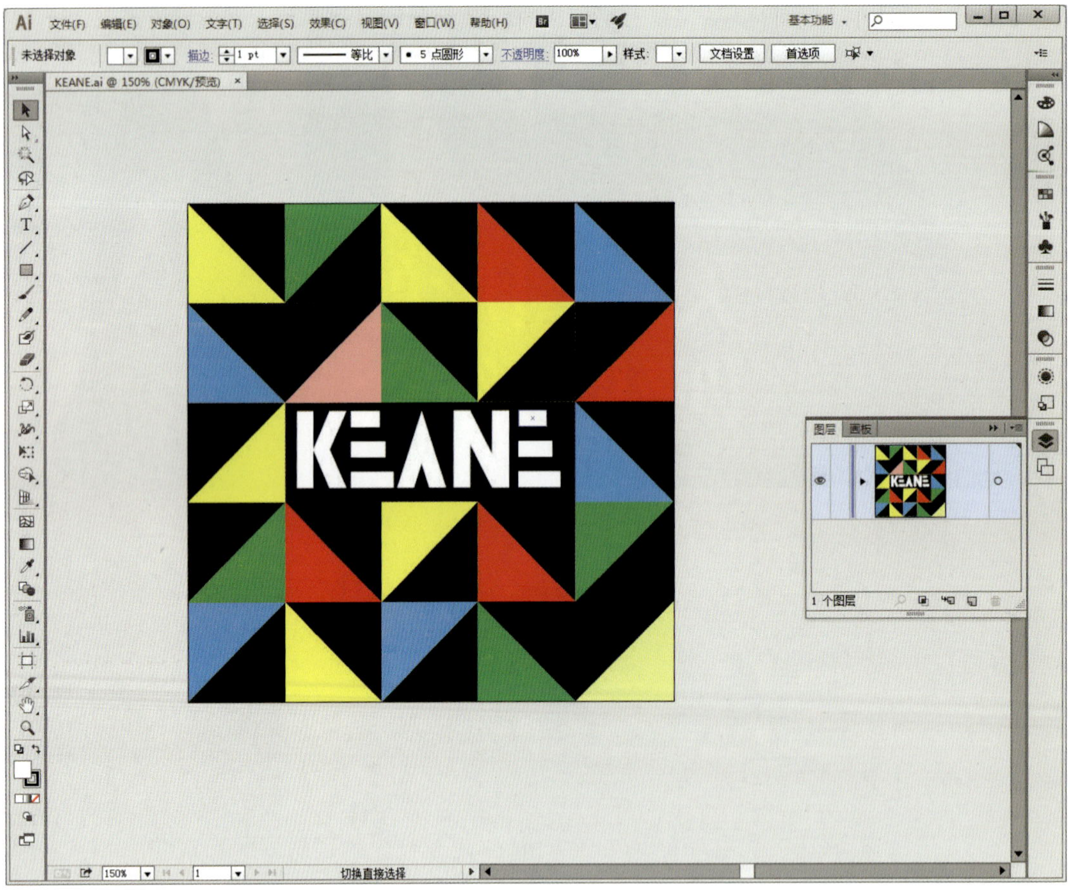

▲ 图5–1

除了对随着当前情况而变的智能状态栏的称呼有所不同之外，AI的工作区与PS也不相同，PS的工作区就是画布，画布之外没有地方可以操作，而AI不是这样。AI提供了画板，还可以使用多个画板，而且在画板之外，有大量的空间可供使用。但是要注意，画在画板空间之外的内容，是无法输出打印的，所以至少要在输出之前，把所做的内容移动到相应的画板之内。

同PS一样，AI软件在使用时也要注意软件操作的基本规范。其中最重要的两条规范：一是规范文件名及存储位置，二是及时存盘和备份。

边学边练28

（1）打开AI软件，然后从菜单栏执行“文件>新建”，打开“新建文档”对话框，首先给自己的项目取好名字。然后根据实际需要指定配置文件，在目前的初学阶段，选择“打印”一项即可。画板数量是当前文件包含的画幅数量，也就是有多少页的意思，如果没有多页内容的计划，此数量可先选1，在建好文件以后，也可以通过“画板”功能面板来增加或删除画板（如图5–2）。

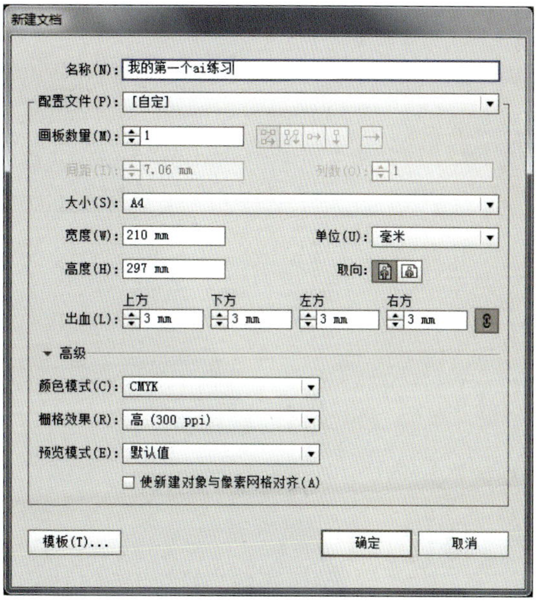

▲ 图5–2

（2）出血是为了应对裁切误差而设置的。为了防止印刷后因裁切误差在页面边缘出现白边，把图放大来预防此问题，按照印刷品的一般要求，可选3毫米出血。“使新建对象和像素网格对齐”一项主要用于网络出版，在软件界面设计、网站设计以及相关的图标设计过程中，这项是必选项。

（3）建好文档以后，第一件事应是存盘，在自己的硬盘上找到合适的位置，把文档存储下来。AI的标准格式为ai格式，有时也可以存为pdf格式。

（4）先来使用一组几何工具来创建对象。与PS相同，点击左上角的小双三角图标，AI的工具箱也可以在一列与两列之间切换（如图5–3）。AI的工具栏也有工具族，其特征是图标右下角的黑色小三角。和PS中的“矩形”选框工具使用方法类似，选中“矩形工具”，通过单击鼠标左键不松手，拖出一段距离（这段距离就是要画的矩形的对角线）松手，就可以画出一个矩形了。用类似的方法可以创建椭圆、多边形和星形（如图5–4）。

（5）可以尝试一下，结合Shift或者Alt这两个功能键，它们在AI中的功能与在PS里是相同的。创建对象的方法还有“钢笔”工具、“直线段”工具、“画笔”工具、“文本”工具等，在此就不一一赘述了。

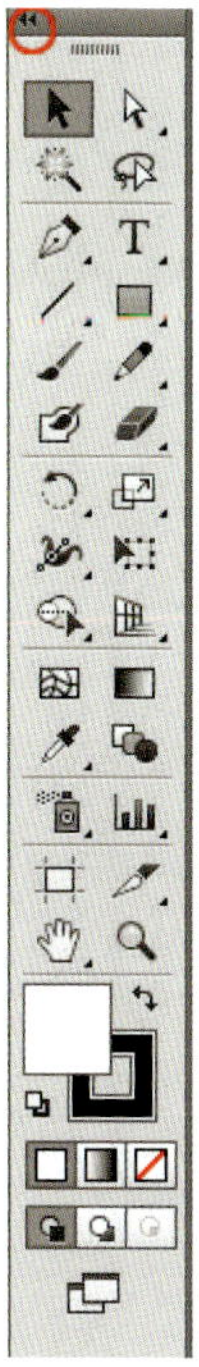

▲ 图5–3

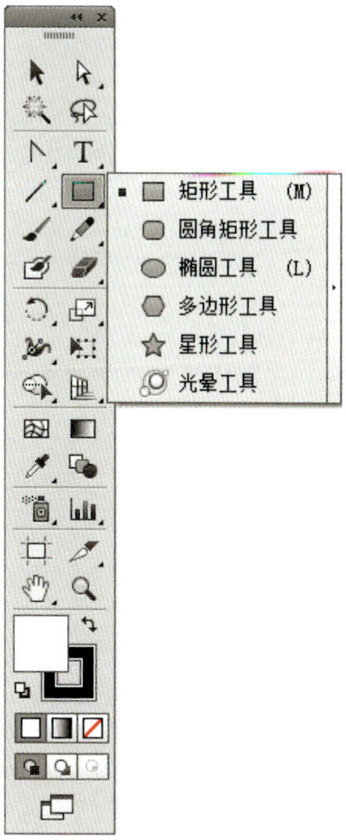

▲ 图5–4

5.2 选择对象、选择锚点

学习要点 “选择”操作的多种类型、锚点操作。

前面讲过，矢量图形与点阵图形不同，矢量图形是整体的，可以理解为一个个坚固的体块，有明确的边缘。所以矢量图的选择与点阵图不同，矢量图不必使用“圈选”的方法选中区域，而是只要选中被选物的任何一处，整个被选物就都被选中了。

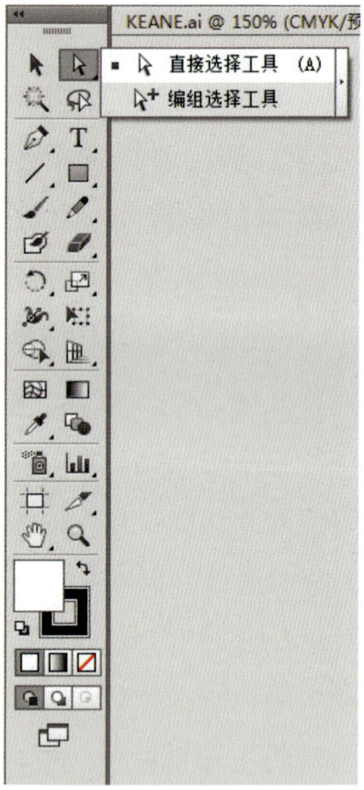

▲ 图5-5

选择对象的工具主要有三个，分别是“选择工具”，“直接选择工具”和“编组选择工具”(如图5-5)。与PS中的“移动”工具类似，AI里的“选择”工具，可以临时用Ctrl键来调用，任何一个被激活的当前工具，只要同时按下了Ctrl键，都会临时变成“选择”工具。

“选择”工具也是移动工具，可以用鼠标拖动所选对象移动。同时，这个工具也提供一般的变换与调节功能。

用“矩形工具”画的一个矩形，然后用“选择”工具选中它，可以看到一个中心点，4个圆形调节点和8个方形调节点 (如图5-6)。在AI的CC系列版本中，“矩形工具”已经与“圆角矩形工具”合为一体了，“矩形”工具可以理解为圆角半径为零的圆角“矩形”工具。画出的矩形内部的4个圆形的调节点，它们就是用来调节矩形的圆角大小的 (如图5-7)。而方形的调节点则是调节整个矩形的大小和形状的。点击空白处可以取消选择。

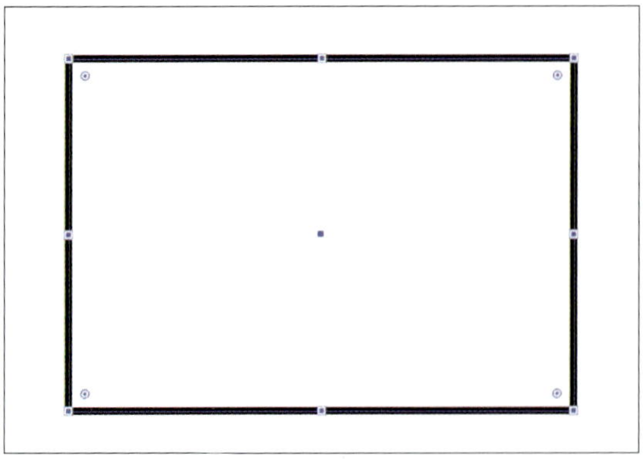
▲ 图5-6

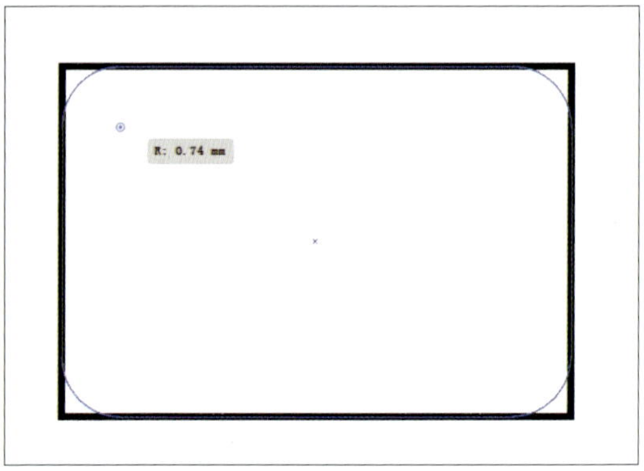

▲ 图5-7

“直接选择”工具可以对对象内部的要素进行单独的选择和调整，矢量图形内部的要素主要是锚点和锚点之间的连线，此外锚点还有方向线与方向点。“直接选择”工具可以调整这些要素（如图5-8）。

“直接选择”工具可以用点选、框选的方法单独选中一个锚点，也可以通过点选、框选的方法选中一段连线。注意在选择工作完成以后，想要移动被选中的要素，必须还要点中要素来进行操作，如果点击空白处，就会取消选择。

可以尝试用“直接选择”工具移动矩形上的一个锚点，然后单独调节这个角的圆角半径。在AI的CC系列版本中，圆角矩形的四个角可以有不同的半径（如图5-9）。

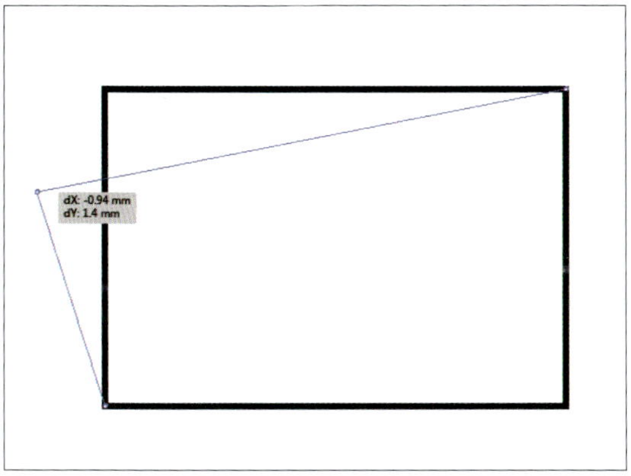

▲ 图5-8

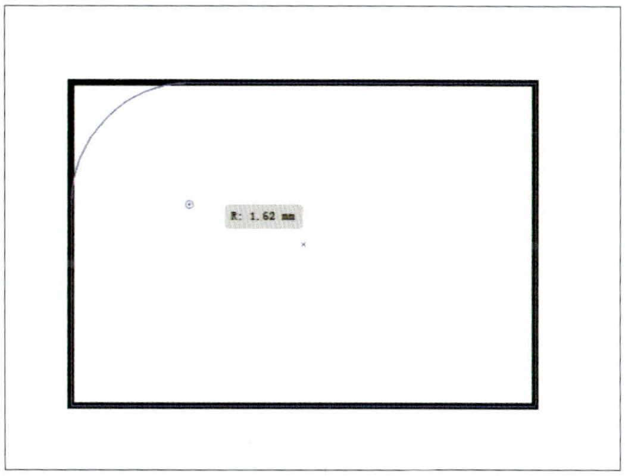

▲ 图5-9

经过“直接选择”工具选中的锚点，可以用退格键（Backspace）或者删除键（Del）删除。经过这样的删除，得到的是一个不闭合的图形，与被删除的锚点左右的锚点不会自动连接起来，这与我们后面要学到的“钢笔”工具族中的“删除锚点”工具的效果是不同的。

用“直接选择”工具可以选中一段连线，也可以将连线删除。我们可以试着用“直线段”工具画一段线段，然后用“直接选择”工具点中线段的中央，选中这段线段，然后删除它。可以看到，这样删除留下了两个锚点，这样的锚点只要不被选中，就处于隐藏状态，在操作时一定要避免这种现象，这是文件中的垃圾锚点，给文件的精确性带来隐患（如图5-10）。

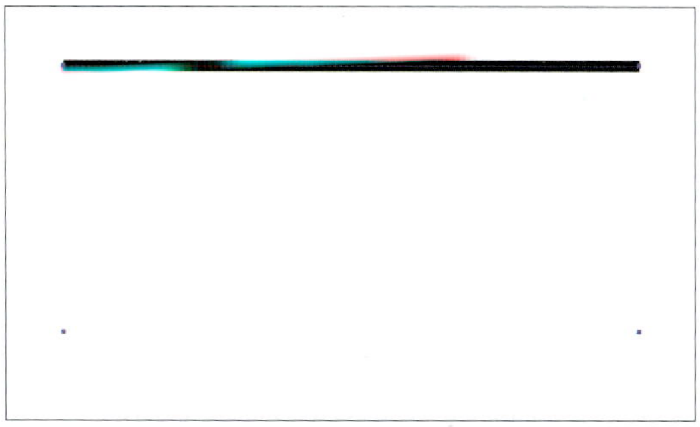

▲ 图5-10

5.3 复制与再制

学习要点 使用工具栏与快捷键按数值进行再制。

AI的复制与粘贴最基本的是“Ctrl+C”和“Ctrl+V”，除此以外，还有一些常用的方法，由于引入了原位再制、等距再制等功能，这些方法十分实用。

首先要说明的是，AI与PS相比一个重要的不同点就是矢量图中的元素不会因为合层而合并到一起，所以不能像使用PS那样用修补的方法，在使用遮挡与覆盖的方法时也要谨慎。尤其是AI中有原位复制的三个功能，如果操作者随便使用这些功能，以至不知道自己的文件中有多少个元素，在同一个位置上粘贴了大量相同的元素，会给后面的操作带来严重的问题。

原位复制有三个功能：贴在前面（“Ctrl+F”），贴在后面（“Ctrl+B”）和就地粘贴（“Shift+Ctrl+V”）。

等距再制是一种伴随着移动进行的复制活动。等距再制有用“移动”等对话框数字控制的方法和鼠标加键盘控制两种方法，我们先尝试用对话框数字控制的方法。

边学边练29

（1）先创建一个对象，用“选择”工具选中它以后，双击“选择”工具面版，或者在“选择”工具条件下按一次回车键，就可以调出“移动”对话框。可以通过设定水平或垂直位移决定让被选中的对象移动多少，以及移动的方向。在“确定”按钮的左边是“复制”按钮。按下“复制”按钮，则开始创建的对象不会改变位置，而是将复制品移动到了指定位置。此时如果想继续刚才的操作，可以再次双击“选择”工具面板。也可以按下快捷键“Ctrl+D”，不断地按，就不断地再制，用这种办法绘制表格十分方便（如图5-11）。

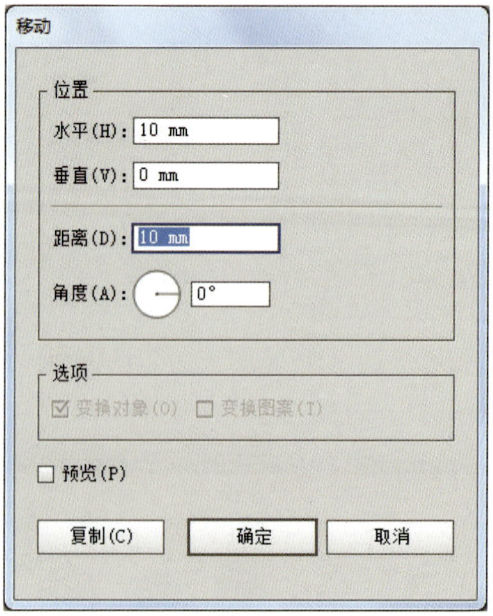

▲ 图5-11

（2）除了“移动”工具“旋转”工具和“比例缩放”工具，都有再制的功能。可以尝试一下，与“移动”工具的再制操作类似，这里就不详细讲了。

此外，还可以在使用“选择”工具选中对象时按下Alt键，与在PS中一样，“选择”工具变成了一个双箭头，这样就可以通过移动快速复制对象了，这一步操作之后按下“Ctrl+D”，同样可以不断地等距再制，这就是用鼠标加键盘控制的方法。

5.4 编组与取消编组

学习要点 编组的意义与操作方法。

我们在实际应用中，常常希望将不同的形状元素绑定到一起，组成一个组。比如一个标志上的不同形状，尤其是在颜色也不相同的情况下，必须使用编组操作，以防在操作时不慎使这些形状元素的相对关系发生改变。

编组的菜单命令是“对象>编组”,快捷键是“Ctrl+G”。相应的有取消编组的命令“对象>取消编组”，快捷键是“Shift+Ctrl+G”。

一般情况下，一旦编组完成我们都把编成一组的形状元素群当作一个对象处理，可以进行整体的移动、缩放、旋转等操作。但有时，我们希望就编组内部的形状元素进行单独调整，这时有几种做法，其中，最原始的就是先取消编组，然后调整相应的元素，然后再重新编组。这个办法虽然保险，不容易出错，但相对麻烦。怎样在不取消编组的情况下对编组内部的要素进行编辑呢？这就需要启用隔离模式了。

5.5 隔离模式

学习要点 隔离模式与对编组内部元素的编辑。

用“选择”工具，左键双击编组对象，就进入了隔离模式（如图5-12）。我们可以把一个编组看成一个房间，这是一个整体，而隔离模式则是进入房间，就可以对房间内部的形状元素进行编辑了。同时，因为操作进入了房间，房间外面的元素变得不可编辑，想要编辑必须退出隔离模式才行。退出隔离模式的方法是在空白处双击鼠标左键。

注意隔离模式下整个图形界面的变化。第一，当画面中有其他元素时，一旦进入隔离模式，编组之外的所有画面元素全部颜色变淡。第二，注意控制栏上的变化，出现了“图

层”“编组”等文字与图标显示。第三，可以在图层面板（可用菜单命令“窗口>图层”调出，也可用快捷键F7）上看到“隔离模式”字样（如图5-13）。

▲ 图5-12

▲ 图5-13

除了隔离模式，我们也可以用“直接选择”工具，或者“编组选择”工具（和“直接选择”工具在同一工具族里）来对编组里的元素进行编辑，它们都可以不受编组的限制自由选择编组内部的形状元素。这两个工具的区别是“直接选择”工具可以对锚点进行操作，而“编组选择”工具不能。

隔离模式不仅仅在编组情况下存在，在后面要学到的剪切蒙版的操作中也会用到。

5.6 图形元素的变换

学习要点 多种变换的方法，圆角与描边的缩放问题。

变换与排列操作是AI最为常用的操作，在软件中提供了几种方式可供选择。主要有工具栏操作、菜单栏操作、控制栏操作、功能面板操作以及鼠标右键操作五类。如此多的功能入口，增加了软件学习的复杂性，但的确方便了使用。

本节主要通过练习来熟悉AI的最基本操作，并且掌握用控制栏、菜单栏、“变换”对话框、“移动”对话框、“旋转”对话框和等距再制等手段精确制图，养成严谨的软件操作习惯。

5.6.1 工具栏、菜单栏及右键菜单的变换操作

这部分的内容前面简单提过。在工具栏中的相关操作主要有“选择”工具、“旋转”

工具、与“旋转”工具在同一个工具族里的“镜像”工具以及“比例缩放”工具。这些工具的使用，都需要先用“选择”工具选中需要变换的对象，然后可以用鼠标根据感觉进行操作。可以尝试一下这些操作，并且可以试试同时按下Shift键对操作效果的改变。

当前的学习，强调用输入数值来进行精确的变换。精确变换的方法是在选中对象以后，双击相关工具图标，即可分别调出“移动”对话框、“旋转”对话框、“镜像”对话框、“比例缩放”对话框。除了相应的操作，这些对话框也都有复制功能。

前面讲过的用双击工具栏可以调出的对话框，也都可以用菜单命令来进行。相应的命令有：“对象>变换>移动”、“对象>变换>旋转”等。

另外，右键菜单也可以调出相关功能，这可能是最快捷的方式（如图5–14）。

▲ 图5–14

5.6.2 控制栏与功能面板的变换操作

前面讲的三种调出变换的操作，只是调出方式不同，变换的界面与功能是完全一样的。而现在讲的这两种与前面三种不同，这两种则基本相同。

先用控制栏来进行。如果控制栏被隐藏了，可以用菜单命令“窗口>控制”调出控制栏。当控制栏上的图标过多时，“变换”功能组可能会整体隐藏，此时显示链接形态的“变换”，点击链接可调出“变换”功能组（如图5–15）。

可以先用“矩形”工具绘制一个矩形，然后点击“选择”工具，此时可以观察到控制栏的变化，出现了变换面板的参考点、X、Y坐标，以及宽、高等参数输入和属性修改图标。可以尝试更改参考点，更改坐标以及宽、高等数值，看看图形会有何种变化。注意，每次输完数值要点回车键来确认才能生效（如图5–16）。

▲ 图5–15

▲ 图5–16

用“窗口>变换”（快捷键Shift+F8）可以调出“变换”功能面板，可以看到它比控制栏增加了倾斜与旋转的功能。

5.6.3 按比例缩放问题

在按比例缩放变换操作中，大部分因素都会按照比例来缩放和变形，但是矩形圆角和

描边和效果有时不会缩放。所以在“比例缩放”对话框中可以对这两项进行设置（前面讲过，这一对话框可以通过双击“比例缩放”工具调出）。而且这个选项有点像预设，一旦修改，后面的操作都按照改后的进行，在使用中要根据需要进行切换（如图5–17）。

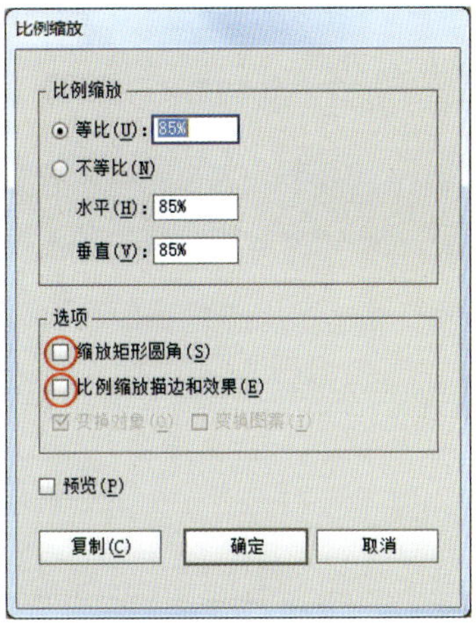

▲ 图5–17

5.7 图形元素的排列

学习要点 排列的操作前提、排列的操作方法。

排列操作是对同一图层内对象的遮挡关系进行排列，如果两个对象不在一个图层上，那么用排列工具无法调换它们的顺序。用菜单命令“对象＞排列＞置于顶层”“对象＞排列＞前移一层”“对象＞排列＞后移一层”“对象＞排列＞置于底层”四项可以对对象的顺序进行排列。

与变换操作类似，排列最方便的操作也是右键菜单（如图5–18）。

▲ 图5–18

5.8 对齐与分布

学习要点 对齐与分布元素，对齐与分布锚点。

当我们用“选择”工具框选，或者在使用“选择”工具的同时按下Shift键，选中一个以上的元素时，控制栏会出现“对齐与分布”功能组（如图5-19）。

对齐与分布分为“对齐所选对象”、“对齐关键对象”和“对齐画板”三种类型，一般来说，最常用的是“对齐所选对象”，其次是“对齐画板”。下面的例子我们就会使用“对齐所选对象”（如图5-20）。

▲ 图5-19

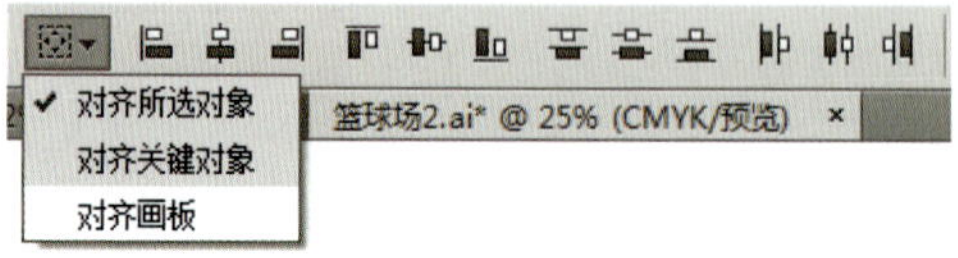

▲ 图5-20

另外，也可以用菜单命令“窗口>对齐”来调出“对齐与分布”面板。其功能与控制栏上的“对齐与分布”功能组是相似的。

使用“直接选择”工具选择锚点，也可以对齐与分布锚点。

边学边练30

绘制中国象棋棋盘（如图5-21）。

注意事项：

（1）通过菜单命令“视图>智能参考线”、“视图>对齐点”，开启两项智能视图功能，辅助进行精确制图（如图5-22）。

（2）首先用菜单命令“编辑>首选项>单位”，确定描边单位为“点”，这样在绘制线型时，可以在“描边”功能面板（用菜单命令：“窗口>描边”可调出）修改线型的粗细。

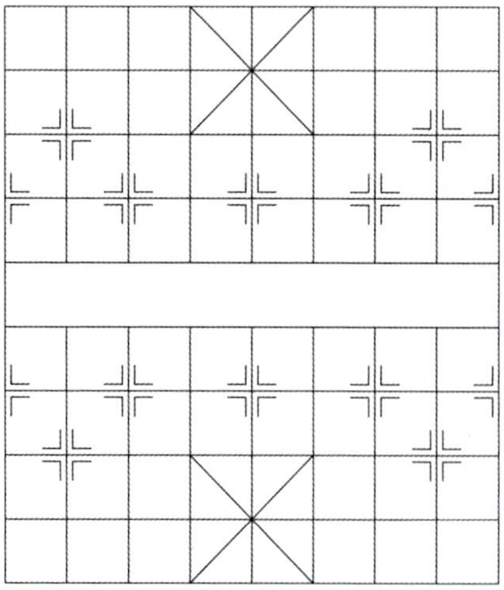

▲ 图5-21

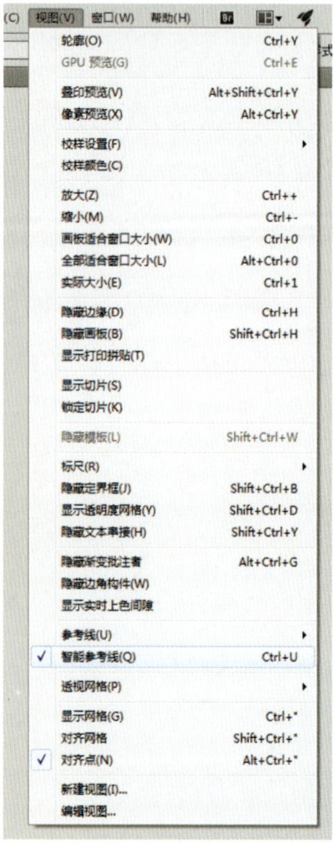

▲ 图5-22

表5-1　基本操作一览表

需要用的功能	调用方法	快捷键
“直线”工具	工具栏	\
变换	控制栏	—
	或者菜单命令：窗口>变换	Shift+F8
“移动”对话框	双击“选择”工具图标	—
“旋转”对话框	双击“旋转”工具图标	—
等距再制	键盘	Ctrl+D
“描边”功能面板	菜单命令：窗口>描边	Ctrl+F10

操作思路：

可利用Shift键约束直线的方向，用直线段工具画出水平线或垂直线。事先计算好每条线的长度，以及整个图形的线形数量，画出一条线条，然后用“移动”对话框精确再制这些线条，再进行调整实现网格的绘画。炮位的绘制要开动脑筋，将新绘制的图形和网格贴齐，然后利用“移动”对话框将其移动到想要的位置上，同时可以利用“旋转”对话框复制对称位置的线型。棋盘王宫位置的斜线，利用智能参考线，认真绘制就可以完成。

边学边练31

绘制篮球场。

绘制工程图这样的工作并不是AI的强项，如果想要绘制一个标准的工程图，还是要用AutoCAD这样的软件。但有时只是为了表现一个相对粗略的想法，可以用AI来绘制示意图，本例正是这种示意图。

基本尺寸如图所示（如图5-23），细节处未标明的尺寸，请自行估计。

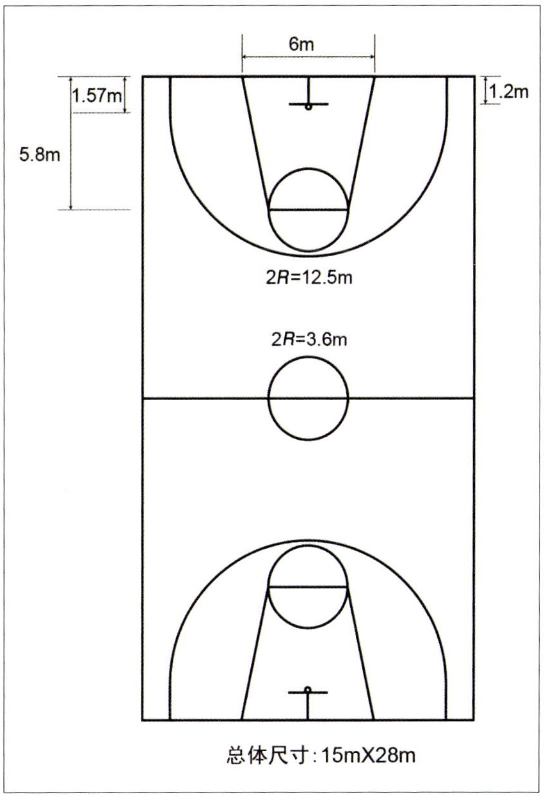

▲ 图5-23

表5-2 基本操作一览表

需要用的功能	调用方法	快捷键
“矩形”工具	工具栏	M
椭圆	工具栏	L
变换	控制栏	—
	或者变换面板	Shift+F8
移动对话框	双击“选择”工具图标	—
旋转对话框	双击旋转工具图标	—
等距再制	键盘	Ctrl+D
对齐与分布	控制栏	Shift+F7
	或者对齐面板	

计算机辅助设计

JISUANJI FUZHU SHEJI

第6章

P A R T 6

矢量图形元素的整合与编辑

本章是关于如何对多个图形元素进行整合与编辑的主要方法。图形元素的整合可以将一个图形挖空，得出镂空的形状，可以让一些相对固定而又色彩属性相同的元素合为一体。而元素的编辑涉及点阵图的使用、描边的编辑、路径操作等，这些是用AI进行图形创作必要的工具，尤其在标志设计、图标设计、字体设计等领域十分常用。

学习目标： 掌握矢量图形多种元素相互整合的方法，学会编辑点阵图和路径。

学习重点： 复合路径、路径查找器、描边的属性、路径操作。

6.1 复合路径

学习要点 复合路径的意义与操作方法。

复合路径可以让两个形状元素合成一个整体，变成一个复杂的形状元素。复合路径与编组是不同的。编组的元素之间具有独立性，各自保持自己的属性，比如色彩和线型可以各自不同，而复合路径的结果是合并为一个新的元素，这个元素虽然可能有几个不同的区域，但属性必须统一。

进行复合路径操作，首先要选中两个或两个以上的形状元素，复合路径可用菜单命令“对象>复合路径>建立”来执行。我们可以尝试在不同位置的两个形状元素之间建立复合路径，观察它们有怎样不同的效果。在两个不重叠的形状元素之间进行复合路径操作，在形状上不会发生变化；在两个有重叠的形状元素之间进行复合路径操作时，会发生“透叠”现象，如果其中一个形状元素完全被包在另一个形状元素范围之内，就会出现镂空现象（如图6–1）。

▲ 图6–1

可以尝试用椭圆工具，结合Shift和Alt功能键、对齐或者原位复制、形状的缩放等方法制作两个大小不同的同心圆，然后用复合路径把它变成镂空的圆环。

6.2 路径查找器

学习要点 图形的整合计算方法与操作。

复合路径只能解决图形形状之间融合的一部分需求，如果想要进一步的功能，那就需要“路径查找器”了。“路径查找器”的工作，也被称为图形的布尔运算，是图形之间进行加减等运算操作的工具。

“路径查找器”面板可以用菜单命令“窗口>路径查找器”调出。其中包括两组工具，其中“形状模式”有4项功能，“路径查找器”有6项功能。对于初学者，只要先掌握“形状模式”的全部4项功能和“路径查找器”的最后一项功能，就可以完成所有的相关操作了，等对软件熟悉了以后，可以再考虑尝试其他5项功能（如图6–2）。

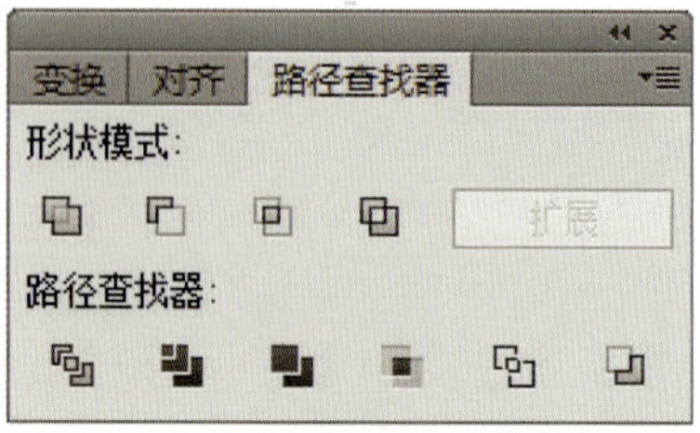

▲ 图6–2

“形状模式”的4项功能分别是“联集”“减去顶层”“交集”“差集”。加上“路径查找器”的最后一项“减去后方对象”，是最常用的功能。

表6–1　路径查找器最常用的功能

功能名称	图标	说明
联集		两个图形相加，如果有重叠，仅留共同边线
减去顶层		以下层图形为基础，减去上层的元素
交集		两个图形仅留下共有部分，其余部分被去掉
差集		两个图形的共有部分被去除，留下双方不共有的部分
减去后方对象		以上层图形为基础，减去下层对象

边学边练32

从双环到四环，再到奥运五环。

这组练习主要是使用“矩形”工具一族的工具，结合图形的变换功能、排列功能、对齐与分布功能、复合路径与路径查找器，尝试完成一组几何化的图标制作。注意文件要干净，没有杂点。作图时可以用“视图>预览”（快捷键“Ctrl+Y”）来检查有无杂点。

双环的做法演示如下。

（1）新建一个文件，取好名字，存盘到合适的位置。

（2）使用椭圆工具，按下鼠标左健，在按键的同时，按下Alt键和Shift键，画出一个正圆来。

（3）在工具栏的下部，设置圆形的填充和线型的颜色，填充设为“无”，线型设为黑色。这时可以用“Ctrl+F10”调出“描边”功能面板，修改线型粗细，将其设为一种较细的线型。

（4）按下“Ctrl+C”复制刚刚画的圆形，再按下“Ctrl+B”，原位粘贴。此时画面看起来没有什么变化，但事实上在同一个位置上已经有了两个圆形。

（5）用“选择”工具点选其中一个圆，同时按下Alt键和Shift键，拖动这个圆外边的定界框（如果没有定界框，请用“视图>显示定界框”），将其放大一圈，于是就有了两个同心圆（如图6–3）。

（6）接下来，继续复制和放大，或者缩小，制作一组共4个同心圆。其中中间两个圆的间距较大，其他的间距较小。

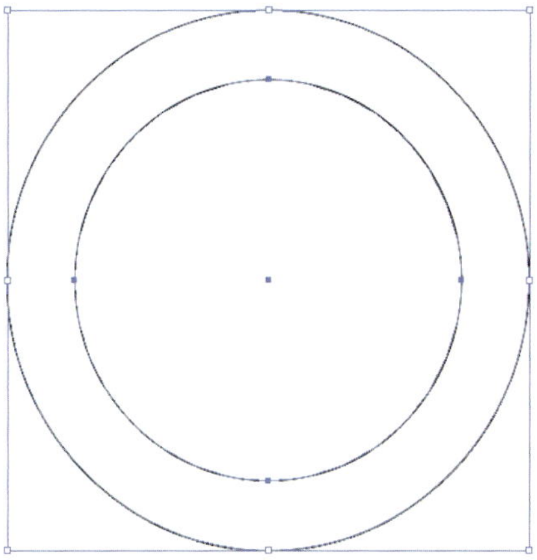

▲ 图6–3

（7）然后，为了讲述方便，给这四个圆编号，从内向外，分别是圆1、圆2、圆3、圆4。把圆1、圆4划为一组，把圆2、圆3划为一组，分别进行复合路径操作，于是就有了两组圆环（如图6–4）。

（8）为了看得清楚，要给两组圆环分别上色。小的圆环为橙红色，大的圆环为灰色，同时把描边设为“无”。如果在这个过程中大环遮挡了小环，可以用“右键>排列>置于底层”将大环放在后面（如图6–5）。

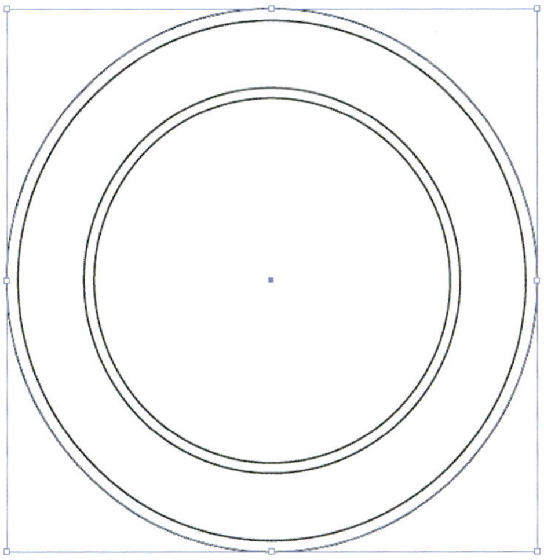

▲ 图6–4

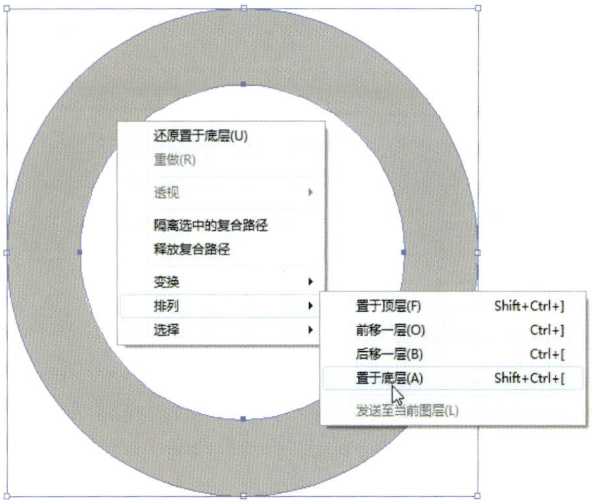

▲ 图6–5

（9）把两组圆环整体复制一份，并且平移到位（如图6–6）。

（10）在两组圆环相交的位置，再画两个圆形，这两个圆形分别把两个相交区域都包含进去（如图6–7）。

▲ 图6–6

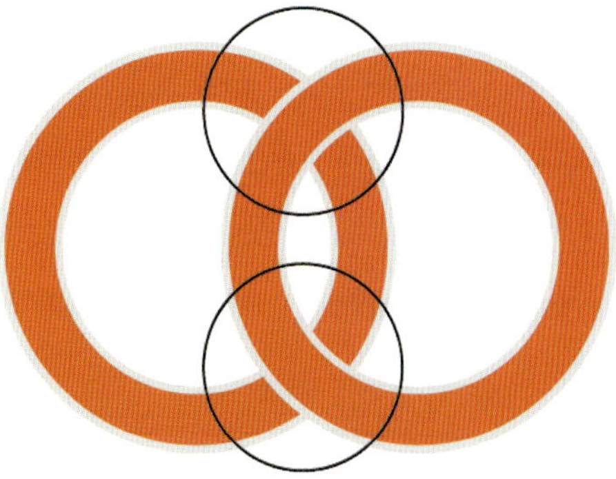

▲ 图6–7

（11）分别用“路径查找器”来让两个圆形与灰色的环做“交集”操作（如图6–8）。

（12）最后分别用刚才得到的形状与橙红色的环进行“减去顶层”操作。得到双环图形（如图6–9）。注意想清楚是哪个图形和哪个图形进行这项操作，选错了对象可达不到想要的效果。

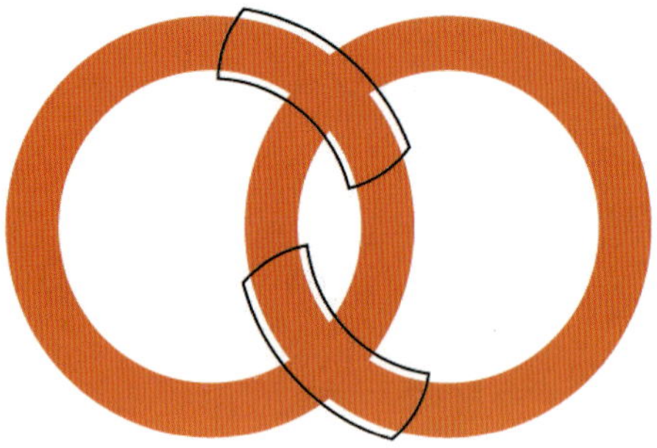

▲ 图6–8

▲ 图6–9

制作者可以自己尝试怎样做出四环的效果，需要说明的是，由于中间的两个圆环存在两次切割，所以需要把中间的灰色圆环多复制一份。这个操作与双环相比并没有增加软件技术的难度，关键需要的是逻辑上的清醒（如图6–10~图6–11）。

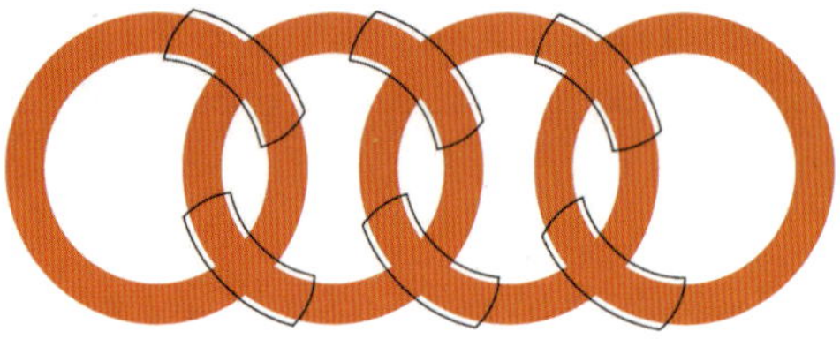

▲ 图6–10

▲ 图6–11

奥运五环同样是用一组同心圆，多次利用“复制与再制”功能、“路径查找器”功能，制作相互切割的圆环。这个任务同样是需要清醒的思考，软件操作并不难，想要达到想要的效果，关键是条理清楚（如图6–12）。

▲ 图6–12

6.3 点阵图的置入

学习要点 点阵图的置入、链接与嵌入两种方式。

卡通形象的描绘是AI的主要功能之一，其中主要的操作是用“钢笔”工具创建描边，然后修改描边的属性，形成闭合图形，并且调整这些图形的遮挡关系等。

在绘制卡通形象之前，常常要先手绘草稿，然后把手绘草稿的文件置入到AI里面再进行创作，现在要说明置入点阵图的一些问题。使用菜单命令“文件>置入”时可以调出“置入”对话框。此时，可以通过路径找到想要的图片，选中这个图片，点击“置入”按钮就可以将点阵图置入到文件中了。在这个过程中，要注意图像预览面板下面的“链接”选框（如图6–13）。如果选中它，那么这个图像本身的信息并没有被存入AI文件，而仅仅记录了它的存在。如果只在本机使用，而且也不移动这些文件（包括AI文件和点阵图文件）不会出现问题。如果把AI文件复制到其他位置，或者其他电脑当中，但没有复制链接置入的点阵图，或者AI文件与点阵图文件的相对存储位置发生改变，那么这个图像将无法在AI中显示出来，电脑会显示错误信息（如图6–14）。

▲ 图6–13

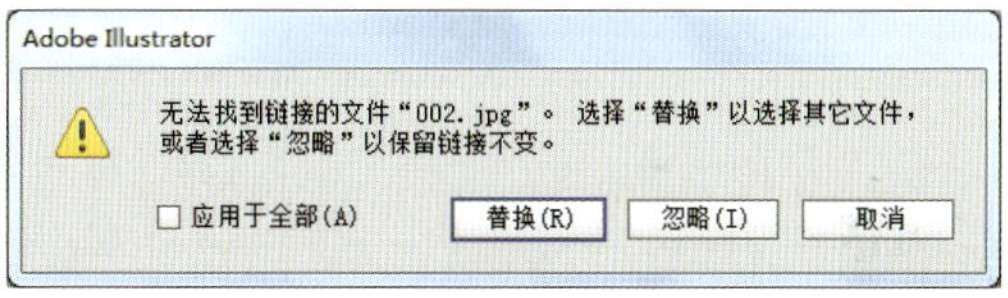

▲ 图6–14

如果不选“链接”选框，那么图像就是以嵌入的方式置入的，嵌入的图像的信息已经存在AI文件当中了，我们在把AI文件拷贝到别处时，就不必考虑点阵图原文件的问题了。

通过“链接”功能面板，可以观察图像的置入情况，在图像的预览图后面有个图形图标的表明这个图像是嵌入的。没有则表明这个图像是链接的（如图6–15）。

▲ 图6–15

只要熟练掌握，链接与嵌入是各有优点的。链接的文件只需要一次置入，如果想要修改，只修改点阵图就可以了，不必再次置入或更换。嵌入的点阵图的优点前面已经看到了，这里不再说了。

6.4 描边与路径的各种属性

学习要点 描边的修改，路径的链接与断开。

“描边”工具在绘制中国象棋棋盘和双环时已经用过了，调出“描边”功能面板的快捷键是“Ctrl+F10”，调出这个面板，我们可以看到，除了线型的粗细，还有线的端头、虚线、箭头等功能，大家可以试一试，熟悉一下这些功能（如图6–16）。

下面我们讲一讲怎样将两个断开的线段连成一条线，以及如何从锚点处拆开一条连续的线段。连接两条线段，最简单的方法就是快捷键“Ctrl+J”，“J”是英文单词“join”一词的首字母，英语不好的同学，记住这是一个“钩”，把两条线段勾引到一起就好了。强调这个快捷键，是因为在菜单命令通过：“对象→路径→连接”去找它实在很麻烦。连续路径的另一个方法就是使用“直接选择”工具，点中想要连接的锚点，然后到控制栏上去找“连接所选端点”图标（如图6–17）。相应的，如果把一个锚点拆成两个，就用“直接选择”工具选中这个锚点，然后到控制栏上去找“在所选锚点处剪切路径”图标（就在“连接所选端点”图标的右边）。这样一个条线就被分成两条了（如图6–18）。

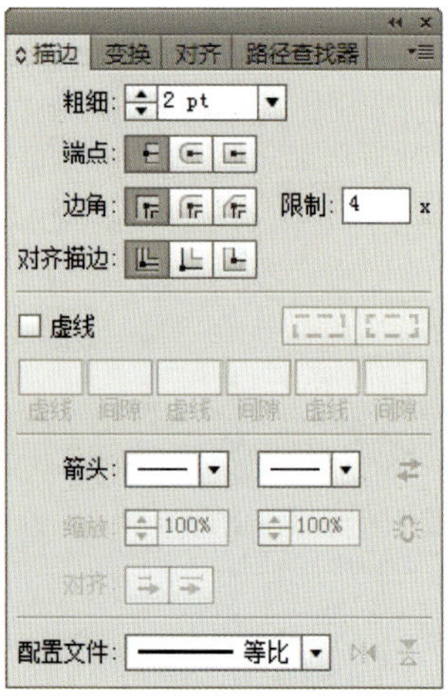

▲ 图6–16

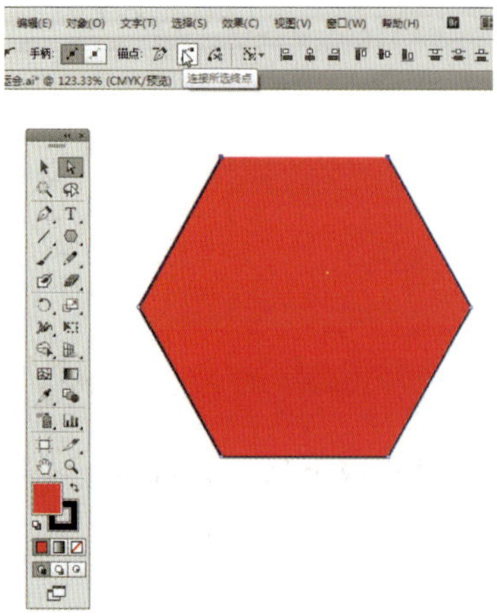

▲ 图6–17

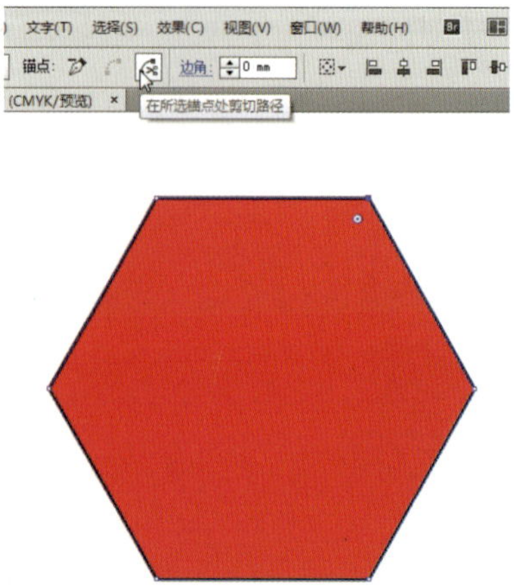

▲ 图6–18

想要让两个分断的线条先连接，然后闭合成一个封闭的图形，最快的方法是使用两次“Ctrl+J”，不过有时电脑连续的端点和我们想象的也许不同。

描边也有多种形态，分为颜色描边、渐变描边和无边线三种形态。在工具栏下方的“拾色器”工具上可以切换对描边与填充的控制，点击线框，线框就会到上方来，这表明要编辑描边了，这个切换操作的快捷键是X（如图6–19）。注意把这个切换与填充同线型互换颜色区分开来（如图6–20）。下面的三个小方块就是用来切换描边（填充也是这样）的三种形态的，从左向右分别是颜色描边、渐变描边和无（如图6–21~图6–23）。此外，在“色板”功能面板中，还可以对描边施加图案形态。

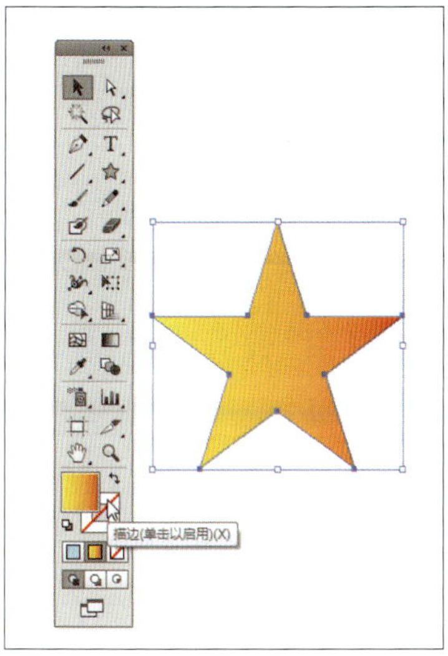

▲ 图6–19

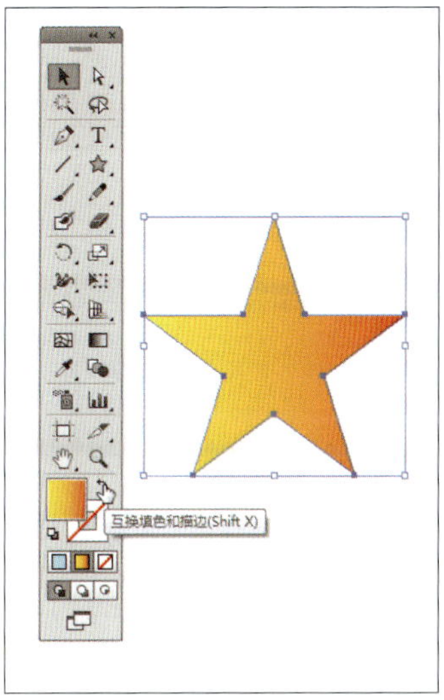

▲ 图6–20

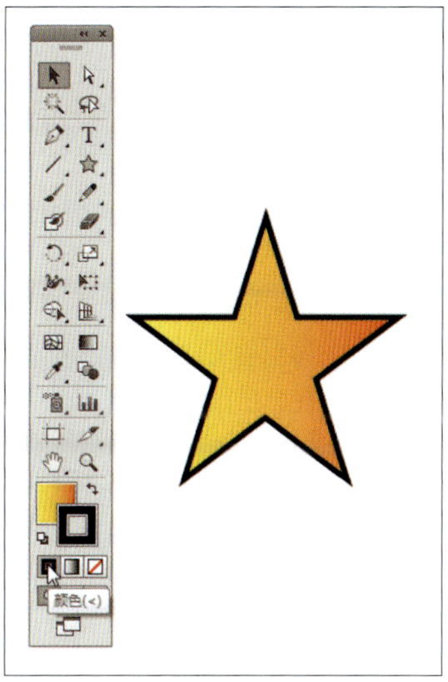

▲ 图6–21

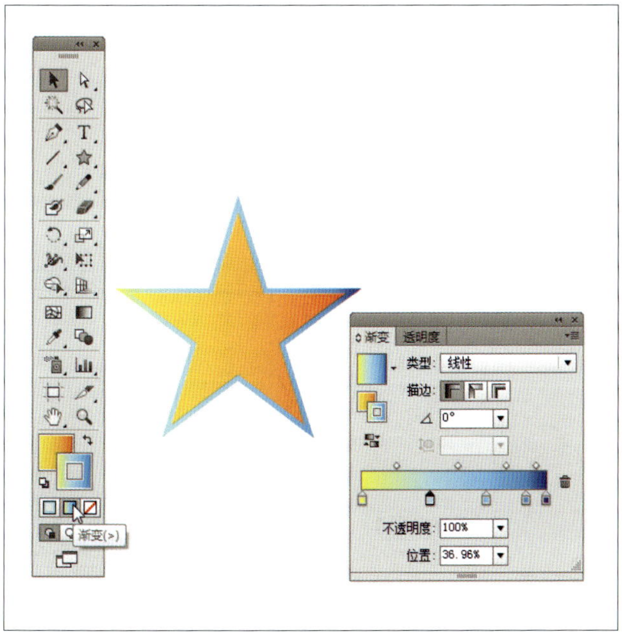

▲ 图6–22

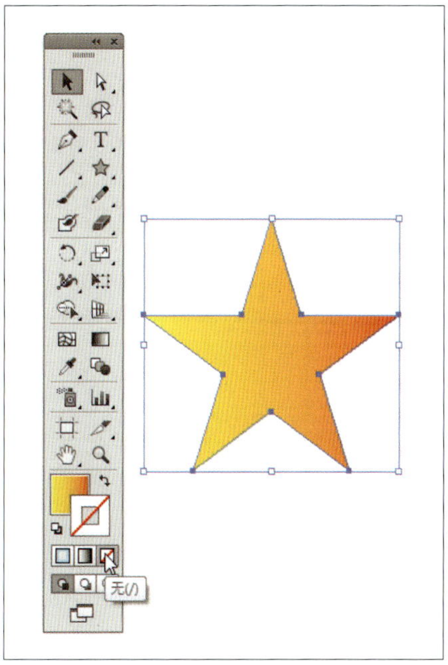

▲ 图6–23

6.5 吸管工具与赋予颜色操作

学习要点 灵活地将一个元素的属性传递给另一个或多个元素。

在绘制卡通人物时，经常会使用重复的色彩线型，如果每次都到颜色面板里去寻找色彩的数值，浪费时间，也影响创作。此时常用的工具就是“吸管”工具，AI的吸管工具不仅仅吸取颜色，还吸取形状之外的相关的属性，如线型、透明度等（如图6–24）。

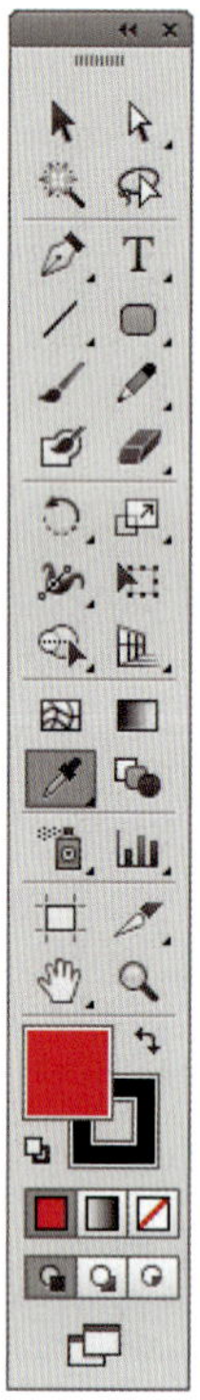

▲ 图6–24

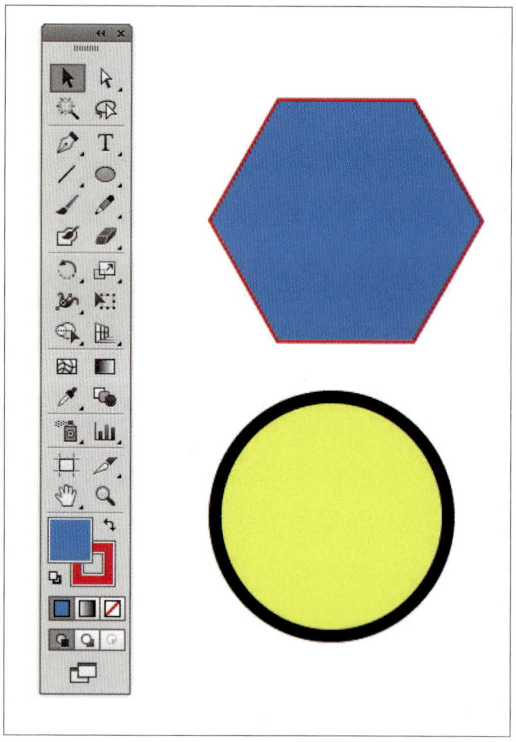

▲ 图6–25

吸管工具很好用，但是它会一次把一个元素所有的属性全部吸过来，而现实使用中，有时希望仅仅借用其他形状的一部分属性。如图6–25所示，如果想要让下面的圆形的描边变成和上面六边形填充相同的蓝色，吸管工具就不好用了，因为圆形的描边色彩与粗细都和六边形不同。这时就会用到赋予颜色操作。赋予颜色就是用“选择”工具，将工具栏下方的“填色”或“描边”的颜色拖动到画面中的形状上，把这个填色或者描边的颜色赋予这个形状。

先选中六边形，工具栏里的拾色器图标的填色与描边就与六边形相同了，然后用“选择”工具点击一下空白处，取消对六边形的选取（这一步很重要，不然就会改变六边形的属性）。然后把工具栏上“描边”的颜色拖动到“填色”上（如图6–26），操作完成后

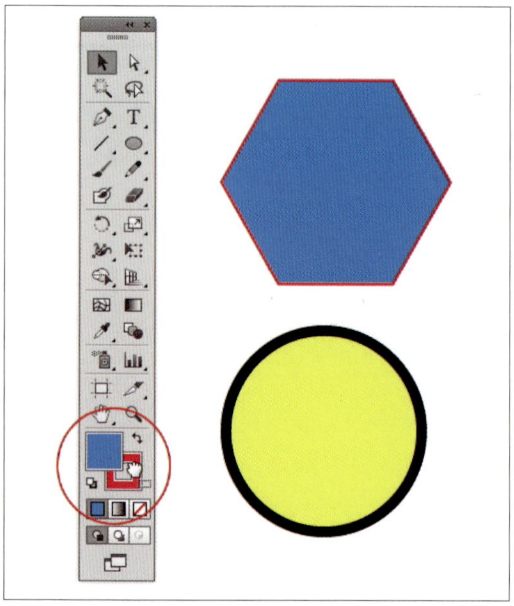

▲ 图6–26

二者都变成了蓝色。接着把“填色”拖动到下方的圆形上（如图6-27），圆形的描边就跟着变成了蓝色，而填充没有改变（如图6-28）。

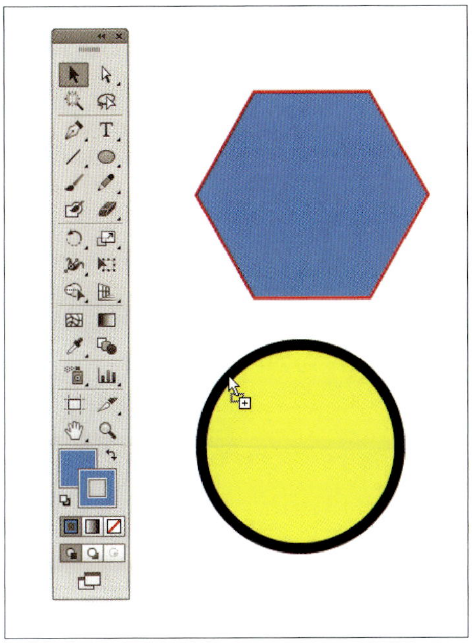

▲ 图6-27

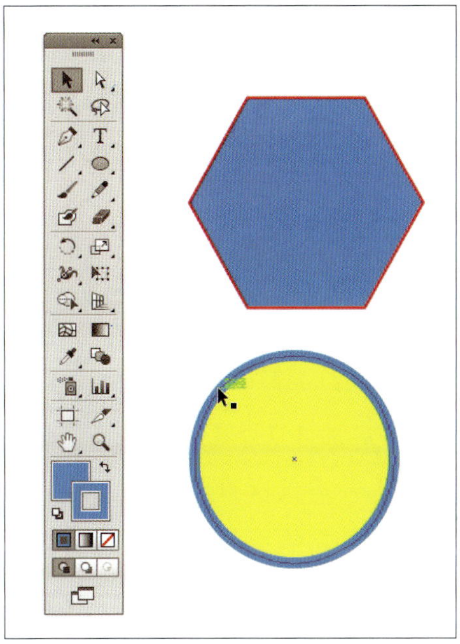

▲ 图6-28

填充也分颜色填充、渐变填充和无填充以及图案填充这些形态，前面讲描边时已经比较详细了，填充的操作与描边是相似的，在此不赘述了。

6.6 钢笔工具与路径操作

学习要点 学会使用“钢笔”一族工具编辑路径和锚点。

总体来说，AI的“钢笔”工具和PS的“钢笔”工具功能比较相近，但使用起来还是有区别的。AI的CC版本给钢笔工具默认启用了“橡皮筋”，如果不喜欢，可以用菜单命令“编辑>首选项>选择和锚点显示”来进行更改（如图6-29）。

AI也是用“增加锚点”工具和“删除锚点”工具以及“锚点”工具来对路径以及锚点进行操作的（如图6-30）。另外在选中“直接选择”工具时，可以看到控制栏中有尖角、平滑的转换等功能图标。

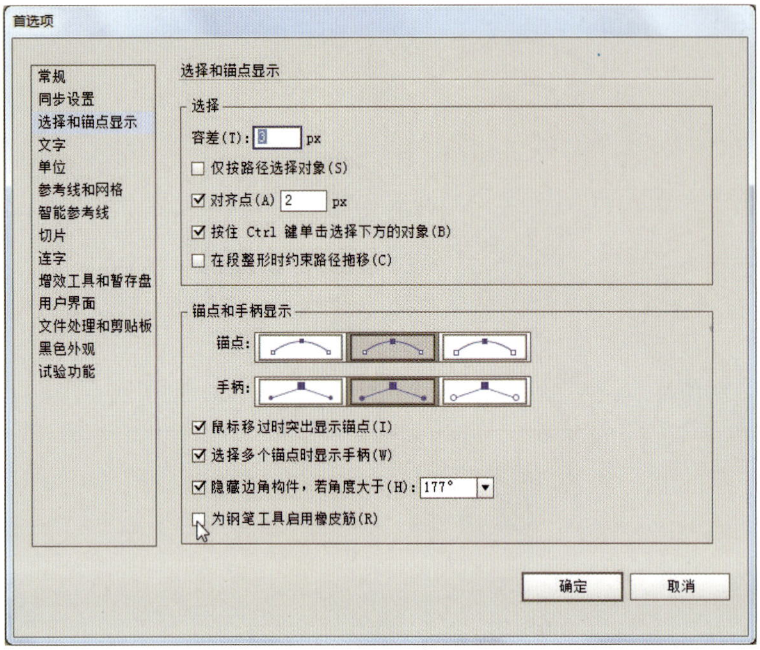

▲ 图6-29

▲ 图6-30

6.7 图层的使用

学习要点 图层的用法、卡通人物的绘制方法。

AI的图层使用与PS相比是有所差异的。一般来说，人们很少在AI中建立很多个图层。因为在矢量软件里，同一图层上的形状元素都是可以相互独立的，虽然可以相互遮挡，但并不彼此破坏。在AI中，图层的作用是区分几个关键的部分，比如说背景与前景、人物与道具、图形与文字等。

值得注意的是，AI的图层之中，还可以有子图层。我们可以用鼠标把一个图层拖入另一个图层，使前者成为后者的子图层。另外，点击图层预览前面的小三角，可以查看图层内部形状元素的顺序，而且可以在图层面板上进行调整。

边学边练33

绘制两组卡通人物（如图6-31~图6-32）。

如果有手绘稿，那么绘制卡通人物的过程就是在手绘稿上描摹。现在的例子是卡通画成品，所以要把成品图片置入AI，然后在上面描摹，完成以后删除置入的图片。

▲ 图6-31

▲ 图6-32

注意

（1）将置入的图片单独放在一个图层，锁定图层，防止误触，而且可以通过隐藏这一图层观察绘制过程中的作品而不受所描摹图片的干扰；

（2）在新建的图层上开始绘画，先画小的物体，后画大的物体；先画未被遮挡的物体，后画被遮挡的物体；

（3）灵活地创造和使用“吸管”工具和赋予颜色操作，确立标准色和标准的描边粗细，规范和简化操作；

（4）合理地编组和分图层进行编辑；

（5）图形要简洁干净，不可留多余的锚点，形状要完整光滑，尽量一次成形，切忌反复修补。

第 7 章

P A R T 7

矢量图形增效功能

本章内容都是在基本绘图基础上叙述的，属于对图形进行宏观的或者特效化的处理。这些功能有的能够制作点阵图效果，有的可以整体裁切一个复杂的图形，有的可以“自动地”产生手工很难达到的过渡效果。

学习目标： 掌握主要的矢量图形增效功能。

学习重点： 效果、剪切蒙版、渐变与渐变透明。

7.1 效果和样式

学习要点 效果的两大类型、“外观”功能面板。

效果的内容都在AI的“效果”菜单中，“效果”菜单的功能分为两大部分：Illustrator（矢量）效果和Photoshop效果（点阵图效果）。前者继承了AI独有的一些效果功能，后者则沿袭了PS滤镜里的内容（如图7–1）。

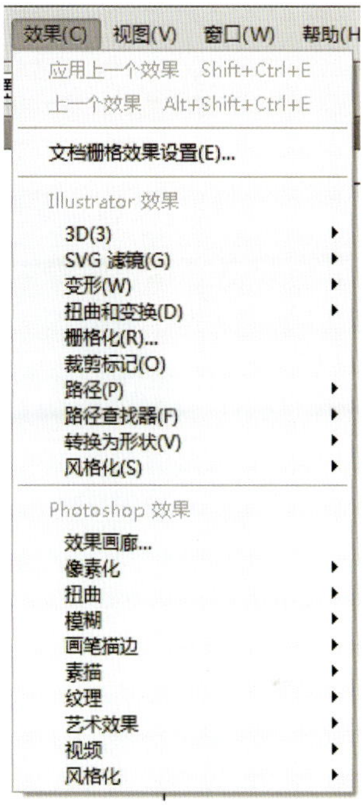

▲ 图7–1

效果的具体内容很多，相关的应用需要通过多次尝试来学习，在此就不一一讲述了。需要讲述的是管理和使用效果的工具——“外观”功能面板和“图形样式”功能面板。

先来看“外观”功能面板，它是用来管理效果的，它可以用菜单命令“窗口>外观”调出（快捷键是“Shift+F6”）。对一个对象施加了几个效果以后，就可以在这个面板中查看一共有几种效果，并且有些内容可以在其中进一步地编辑。可以看到，填充、线型、透明度等要素，也被视为效果放在里面了。除了编辑，也可以删除那些不想要的效果（如图7–2）。

而“图形样式”功能面板是使用效果的，可以用菜单命令“窗口>图形样式”（快捷键是“Shift+F5”）调出，给某一图形施加效果以后，可以把这一组效果存成一个图形样式，以备以后将这一样式用在其他图形上，而不必再次重复操作。具体做法是选中被施加了效果的图形，然后点击“图形样式”功能面板下端的“新建图形样式”图标（如图7–3）。想要在把这种样式应用到其他图形上时，只要先选图形，然后点击图形样式的小预览图，就可以应用它了。

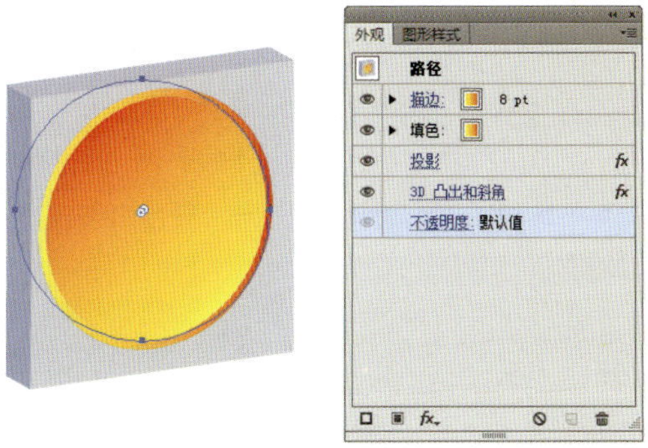

▲ 图7–2

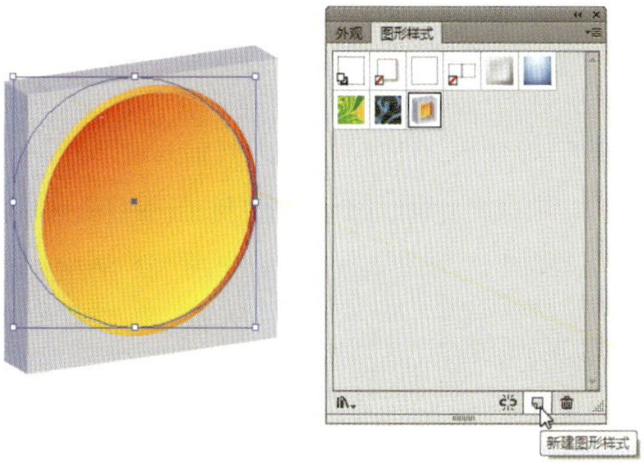

▲ 图7–3

7.2 剪切蒙版

学习要点 剪切蒙版的建立、释放和编辑。

剪切蒙版（注意要和PS里的“剪贴蒙版”区分开来）是用一个图形裁切一个复杂图形的办法，当然也可以用来裁切简单图形。其实也不是裁切，因为“被裁切”的图形还完整的存在着。剪切蒙版就相当于一个窗口，这个窗口有一个形状，而被裁切的内容的肌理、色彩等，都要通过这个窗口显示出来。于是它在保留自己的色彩与肌理的同时，应用了作为蒙版的图形的形状。

剪切蒙版的菜单命令是“对象>剪切蒙版”，快捷键是“Ctrl+7”（如图7–4、图7–5）。作为蒙版的（也就是前面比喻的窗口）必须位于上层，必须是矢量图形，而且必须是独立的一个形状，可以是两个形状的复合路径，但不能是编组。而作为“被裁切”的图形，基本上没有要求，可以是矢量的，也可以是被置入的点阵图；可以是简单形状，也可以是一个编组。

▲ 图7–4

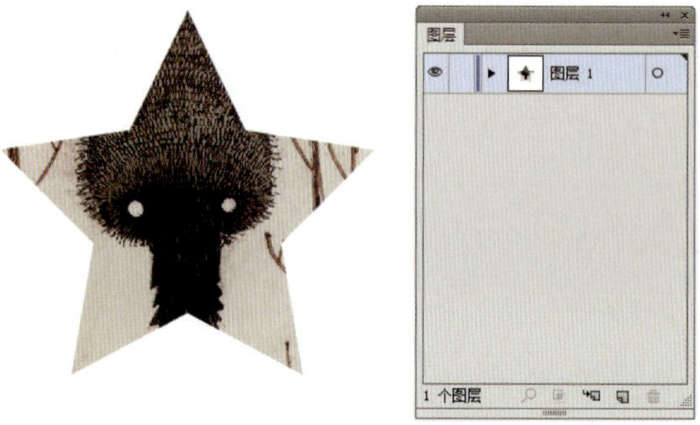

▲ 图7–5

前面讲过，剪切蒙版也有隔离模式，进入的方法同样是左键双击它。这样可以看到“被裁切”的图形的原始轮廓，此时可以移动这个图形，实现它与蒙版相对位置的改变，就如同一个人在房间里移动，相对于窗口的位置会改变一样（如图7–6）。

可以通过菜单命令“对象>剪切蒙版>释放”来解除剪切蒙版。注意：被释放的蒙版图形，是没有填充和线型的。

▲ 图7–6

7.3 混合

学习要点 混合的创建和编辑。

混合功能是一种自动运算，它可以用一些计算的方法让图形之间用一种梯田式的阶梯进行过渡，也可以让图形之间平滑地过渡。创建混合有两种方法，一个是使用“混合”工具，另一种则是使用菜单命令“对象>混合>建立”。混合工作的开始，必须首先建立两个简单的原始图形（如图7–7）。

“混合”工具的操作方法是，先用“选择”工具选中一个原始图形，然后换成“混合”工具，用“混合”工具点击这个图形，然后再点击另一个原始图形。只要点击得准确，一个混合就完成了。相对来说，用菜单命令要容易一些，因为这个操作不存在点击准确与否的问题。“混合”操作，遵循先创建混合再调整它的工作地顺序。选中一个混合对象，再双击“混合”工具的图标，就可以调出“混合选项”窗口，在里面可以调整混合的间距模式、间距大小或者步数大小等（如图7–8）。

当选中一个混合对象时，可以看到只有两端的两个原始图形是激活状态，它们的中点之间有一条连线，这是混合对象的轴。在缺省条件下，这个轴是一条直线段。可以用“钢笔”工具族的“添加锚点”工具、“锚点”工具以及“直接选择”工具将它变成曲线。这样，这个混合对象就会显现出一种活跃的、有些不容易预料的状态（如图7–9）。

除了混合对象的轴可以调整，两个原始图形也都可以编辑，可以用“直接选择”工具选中它们，然后切换到“选择”工具上，可以对它们进行旋转等操作，这样会让原本平顺的图形变得扭曲；也可以用“直接选择”工具调整它们的锚点。

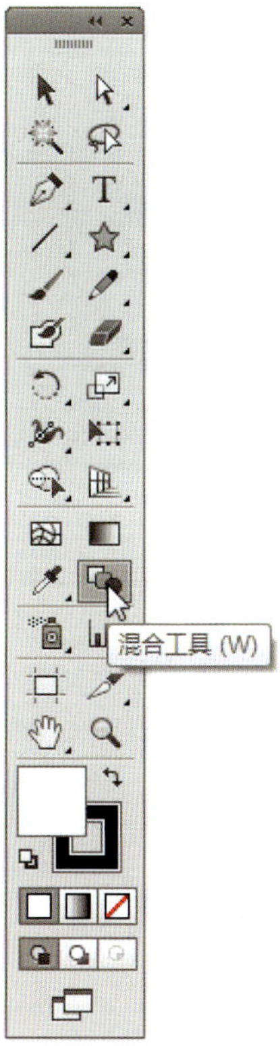

▲ 图7–7

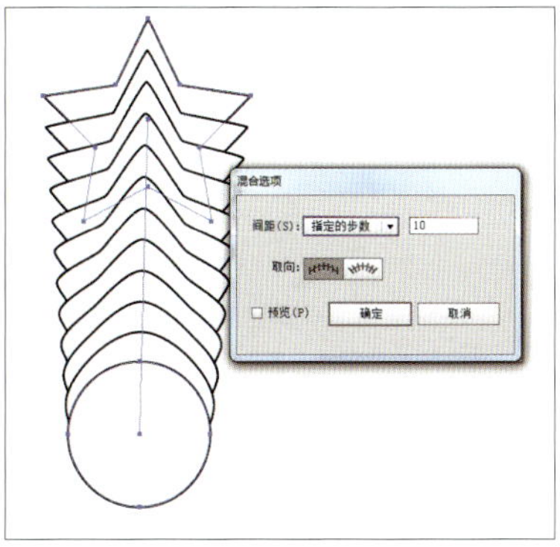

▲ 图7–8

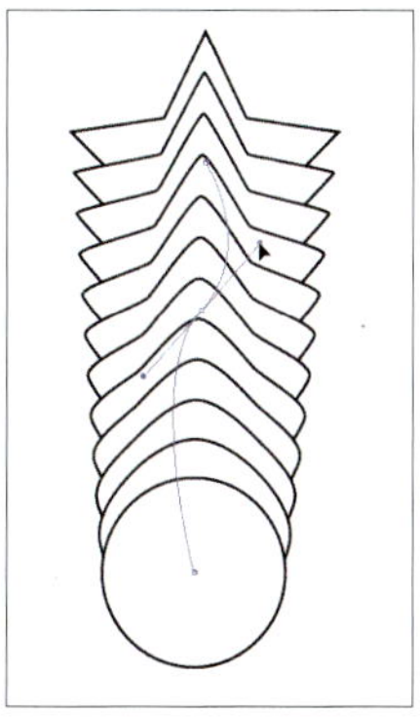

▲ 图7–9

7.4 创制与应用图案

学习要点　图案的建立、编辑与应用。

图案是一种十分方便的功能，用它可以迅速铺满一个形状，而且还可以自由改变它，创制与应用图案可以实现自由改变功能（如图7-10）。创制图案的菜单命令是“对象>图案>建立”。在操作时，要选中一个图案单元，然后执行这个命令，一个新的图案就建立起来了。新建立的图案成为“色板”功能面板（用菜单命令“窗口>色板”可将其调出）中的一个项被保存下来，如果想要编辑图案，可以双击色板上的图案小预览图，调出“图案选项”功能面板（如图7-11）。这时可以编辑原始图形的形状、锚点以及方向等。通过这些编辑，可以轻易地变更图案平铺后的效果。

图案的应用比较简单，只要画出一个闭合的或基本闭合的轮廓，选中它后，点击“色板”功能面板上相应的图案的小预览图就可以了。不想应用图案，可以点击“色板”上的“无”。

▲ 图7-10

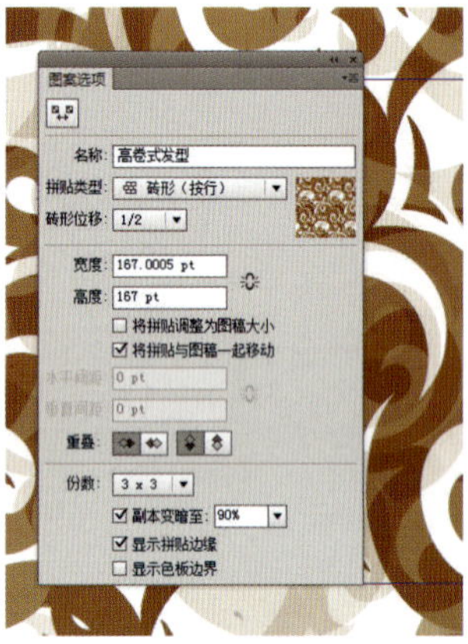

▲ 图7-11

7.5 图像描摹

学习要点　将点阵图描摹成矢量图的方法。

在一些商业插画中经常会有类似版画效果的插画，其中相当大的一部分是用图像描摹绘制出来的。

在使用图像描摹之前，需要先置入图像。执行菜单命令“窗口 > 图像描摹”，可以调出“图像描摹”功能面板。在这里可以设置各种描摹选项。也可以执行菜单命令“对象→图像描摹→建立”，这样可以得到一个按照默认的方式描摹的图像。之后再选中这个图像，还可以在控制栏上或者“图像描摹”功能面板上修改描摹选项。在完成描摹之后，如果达到了预期的效果，可以点击控制栏上的“扩展”按钮，完成操作（如图7–12）。

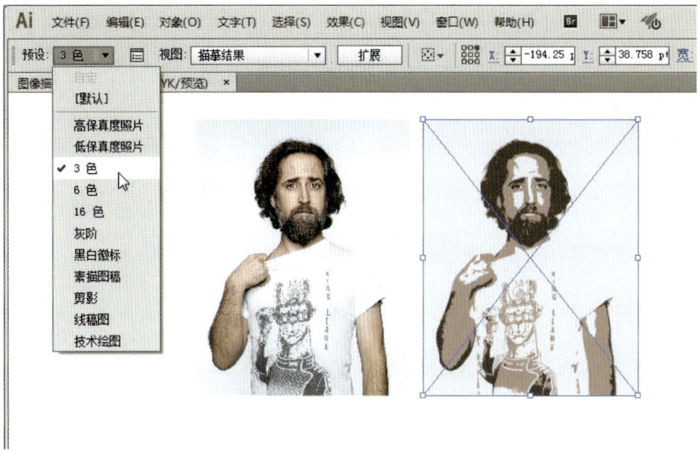

▲ 图7–12

7.6 渐变与渐变透明

学习要点 “渐变”功能面板与“渐变”工具的使用。

渐变是两种或多种颜色混合或同一种颜色的不同明暗逐渐混合。渐变的使用常常需要把“渐变”工具与“渐变”功能面板二者结合才能进行，二者各有优点。“渐变”功能面板是对渐变的颜色、变化幅度、透明等因素进行控制；而“渐变”工具则是渐变的应用工具，主要用控制渐变线的办法调整渐变在图形形状上的位置、大小和方向，也可以实现“渐变”功能面板的大部分功能。

先来看“渐变”功能面板，双击“渐变”工具图标，或者用菜单命令“窗口 > 渐变”就可以把它调出来。可以看到这个面板主要由渐变的类型、角度和“渐变滑块”三部分组成。渐变的类型有两种，一种为线性，表示直线型的渐变；另一种为径向，表明从中心向外发射的渐变（如图7–13）。

在渐变滑块的下方，左右各有一个标识色彩的标记，双击这一标记，可以调出更改其标识的色彩的调色板，在调色板的右上角，有一个弹出框标记，点它可以调整色彩模式，可选择“灰度”“RGB”“CMYK”等（如图7–14）。

▲ 图7-13

▲ 图7-14

在渐变滑块下面一点距离，是“不透明度”和“位置”的输入框。都是用来调节当前色彩标记的。用“不透明度”可以设置透明渐变。“位置”可以输入数值，也可以用鼠标来拖动。除了色彩标记有位置，色彩标记之间的中点也可以滑动调节，它是一个白色的小菱形（激活时变成黑色），在渐变滑块的上方。

如果点击渐变滑块，可以增加色彩标记。选中色彩标记，点击渐变滑块右边的垃圾桶图标，就可以删除色彩标记。当把渐变的基本特点确定以后，可以创建一个形状，于是一个有渐变特征的形状就产生了。也可以点击一个非渐变的形状，然后点击“渐变”功能面板的主图标，就可以把设置好的渐变特征施加给这个形状。

接下来，可以用“渐变”工具来进一步编辑渐变。在选中一个渐变形状的情况下，选取“渐变”工具，可以看到，在这个形状上出现了一个窄窄的条，这是一个多功能调节杆，它有渐变滑块所有的功能，可以编辑色彩标记。点击它右侧的方形调节点，可以缩放和旋转调节杆，进而达到改变渐变色与形状之间的大小比例关系的目的。如果是一个径向的渐变，还可以通过多功能调节杆改变渐变放射圆的直径大小（如图7-15、图7-16）。

▲ 图7-15

▲ 图7-16

计算机辅助设计

JISUANJI FUZHU SHEJI

第8章

PART 8

Adobe Illustrator 文字功能

本章内容是AI的文字功能。虽然不及专门的排版软件功能，但AI的排版功能还是很强大的，而且在自由版式、对文字的自由处理方面，AI还有自己的独到之处，这是专业的排版软件所不具备的功能。

学习目标： 掌握段落文本和美术字的编排方法，理解版式设计中对文字的基本要求。

学习重点： 文本、段落的属性修改。

8.1 文字、文字区域、字体选择与文字方向

学习要点 多种文字工具的使用。

把文字引入AI当中的方法有输入和置入，置入文字的方法和置入图片相似。在使用大量文字时，最好采取置入的方法。也可以把文字从文本文件或Word文件里复制粘贴到AI里。只有小段的文字才适合逐字地输入到AI里面。

AI的文字分为“文字”工具、“区域文字”工具、“路径文字”工具以及“修饰文字”工具四种类型（如图8–1）。默认的“文字”工具是一种美术字的方式。用“文字”工具在文件空白处点击一下，这个位置就会出现光标，就可以输入文字了。文字输入时没有文本框（即区域），文字输入完成以后，可以用“选择”工具直接将其字号放大，而且可以随意改变文字的高宽比。想要进一步编辑文字，就要用快捷键“Ctrl+T”调出“字符”功能面板，在这里可以设置字体大小、行距、垂直缩放、水平缩放、字符间距和基线偏移等（如图8–2~图8–3）。

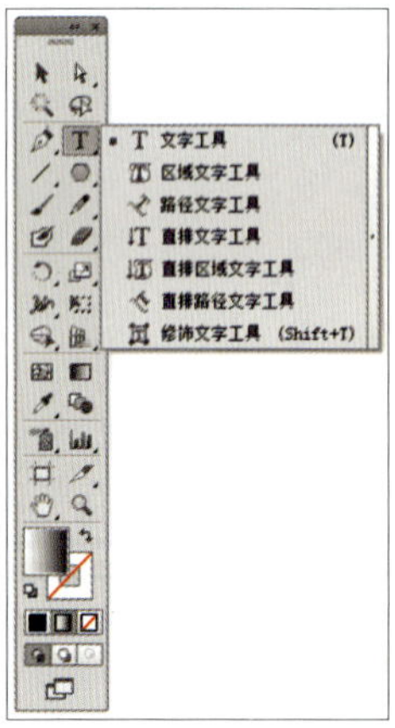

▲ 图8–1

▲ 图8–2

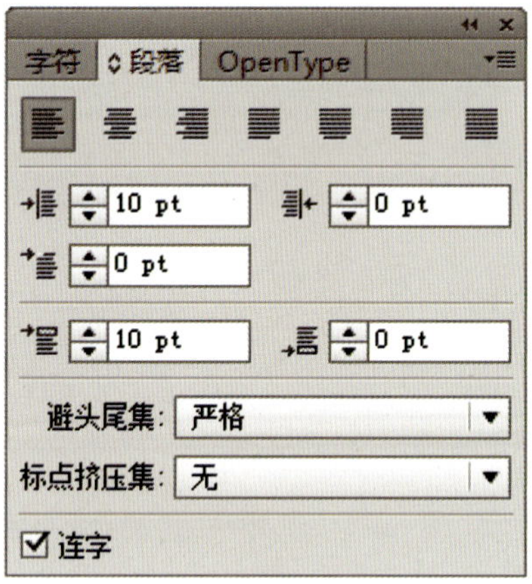

▲ 图8–3

“区域文字”工具用来编辑段落文本。事实上，用“文字”工具也可以创建段落文本的。在使用“文字”工具时，不要直接在空白处点击鼠标，而是在点击一下鼠标后不松手，拖动鼠标指针画出一个矩形，这样就建立了一个矩形的区域文字，“文字”工具用这种方法只能建立矩形的区域文字，不能建立圆形的或其他形状的区域文字（如图8–4）。而专门的“区域文字”工具，可以建立各种形状的区域文字。在使用这一工具之前，应当先画出一个形状，然后用这一工具点击形状的路径线条，这样这个形状就变成了一个区域文字（如图8–5）。文字属性的调整同“文字”工具类似。另外，常常还会用到“段落”功能面板。调出它的方法是菜单命令“窗口>文字>段落”，快捷键是“Alt+Ctrl+T”，在使用时，最好把“段落”

功能面板和“字符”功能面板放到同一个功能面板组里，这样只要调出一个，另一个自然也就出来了。

区域文字与美术字最明显的不同就是选中区域文字后，如果用“选择”工具拉动它的边缘，只能扩大文字的区域，文字的大小不会改变。

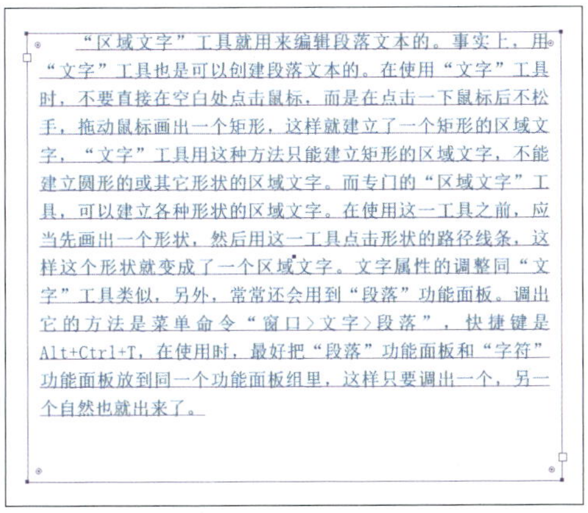

▲ 图8–4

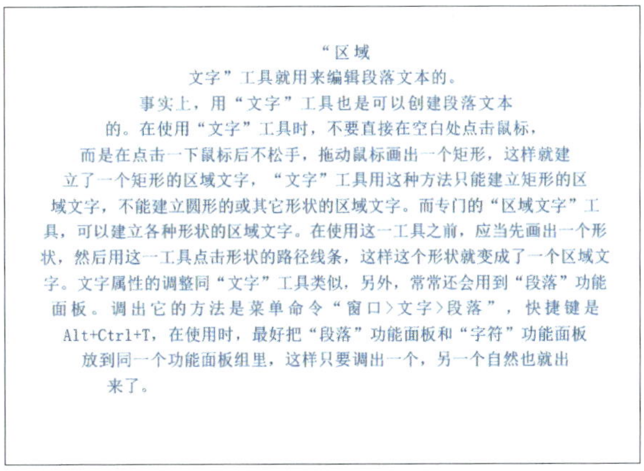

▲ 图8–5

8.2 段落文本的对齐、间距与标点格式

学习要点 规范的段落文本格式、汉字标点符号的格式。

在“段落”功能面板的上部，是各种段落对齐的方式，这个无需讲解，直接从图标中就可以看出是哪种对齐。下面是与段落相关的各种间距，包括左右缩进、首行缩进、段前间距和段后间距，这些数据都是用来保证文字版式标准规范的方法，能用这些来控制版面就不要凭感觉随便将文字放置在版面上。“段落”功能面板的下部有一个“避头尾集”，这是防止标点符号出现在一行的开始的功能，输入汉字，一般都选“严格”（如图8–6）。

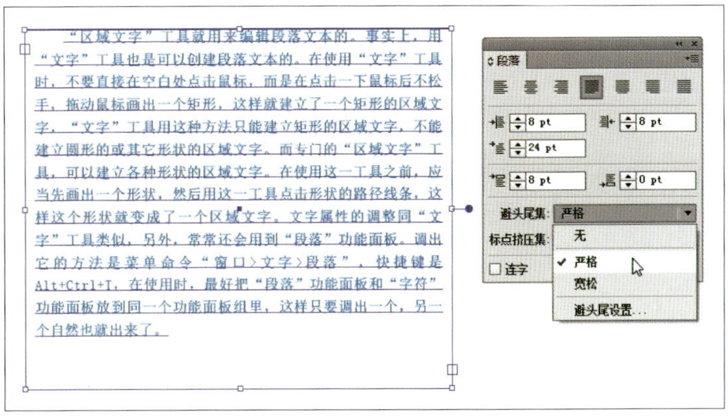

▲ 图8–6

8.3 分栏灌文与沿路径排列的文字

学习要点 长段灌文与特殊文字的处理。

有时在排版时文字比较多需要分栏，就会出现分栏灌文。也就是说，把几个文本区域链接起来，当一个文本区域被文字“灌满”之后，文字“溢出”到另一个文本区域，依此类推，这就是灌文。在操作中，一个文本区域中的文字超过了文本区域的范围以后，在文本区域的右下角会出现一个红色的“+”提示。这时如果用“选择”工具点击“+”（需要操作精准）鼠标的光标会变成灌文样式（如图8–7）。此时在空白处点击一下鼠标左键，一个新的文本框就生成了，而且是与原有的链接在一起的（如图8–8）。也可以先画一个形状，然后再用“选择”工具点击“+”，光标变成灌文样式后，用鼠标点击刚刚画的形状的路径线上，于是“溢出”的文字就灌入这个形状了。

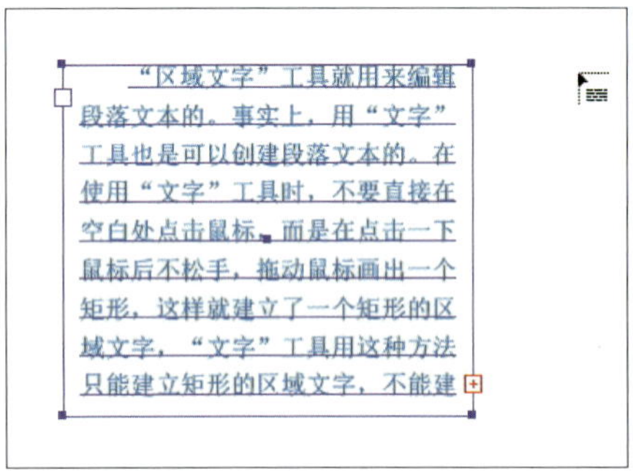

▲ 图8–7

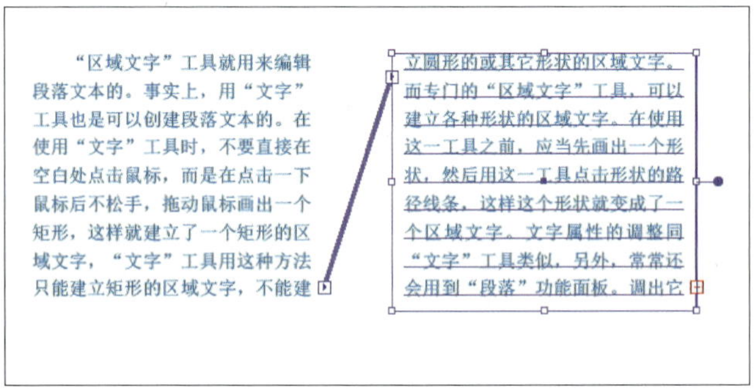

▲ 图8–8

沿路径排列的文字的做法，是先画一条路径，然后用“路径文字”工具点击路径，之后就可以沿路径写字了。文字的开端处有一条垂直于文字的线段，用“选择”工具拖动这条线段，就可以在路径上移动这行字，确定它在路径上的位置（如图8–9）。

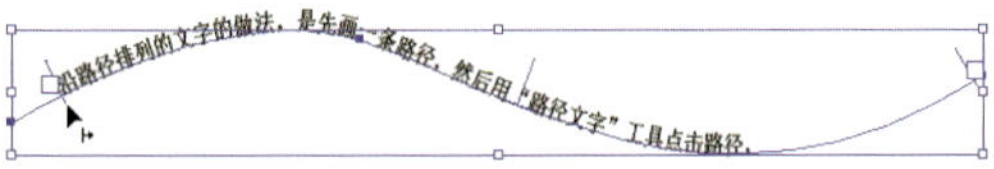

▲ 图8–9

“修饰文字”工具是一种可以对美术字或者段落文字中的单独的文字进行随意控制的工具，可以专门修改某一个文字的大小、宽窄等因素，不受段落间距等因素的限制（如图8–10）。

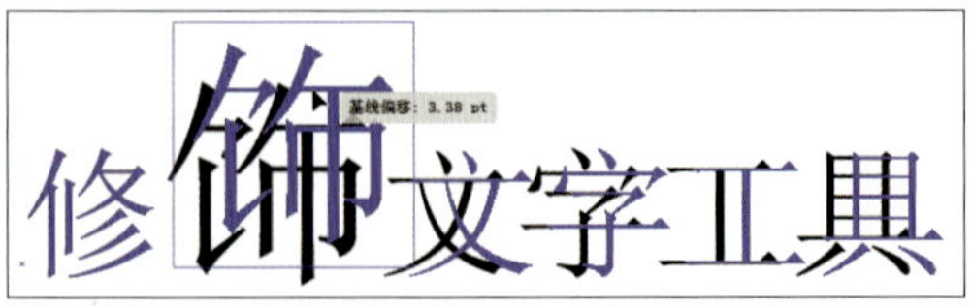

▲ 图8–10

8.4 文本绕排与创建轮廓

学习要点 图文混排与把文本转为图形。

在图文混排时，有时需要灵活地处理图文之间的位置关系。让图形与或图像与文字紧密地结合在一起，又不相互重叠。这时就需要使用“文本绕排”功能。先选中要与文本结合的图形或者图像，然后用菜单命令“对象>文本绕排>建立”来实现。如果想要调整图形与文字之间的空隙，可以用“对象>文本绕排>文本绕排选项”来设置（如图8–11）。

▲ 图8–11

设计师常常希望把文字当作图形处理，这样可以随意地拆分文字，也可以组合文字，甚至可以将一组文字的一部分替换成图标、图形等。此时就要改变文字的性质，由文字，变成图形，这就要用到“创建轮廓”工具。操作方法是先选中一组文字，然后使用菜单命令“文字>创建轮廓”（快捷键是“Shift+Ctrl+O”），于是这组文字就变成了图形。其中的文字已经不可以进行文本编辑了（如图8–12）。

▲ 图8–12

计算机辅助设计

JISUANJI FUZHU SHEJI

第9章

PART 9

Adobe Illustrator 综合实践

本章通过四项综合实践把AI常用的功能，以及AI使用的一般方法进行全面而综合的演练。通过这些开放的项目式练习，学习根据实际需要创造性地使用软件。

学习目标: 全面复习前面所学的知识，灵活地使用AI、PS两个软件。

学习重点: 创造性地使用软件，AI与PS结合使用。

9.1 AI综合实践1：CD封面

边学边练34

这个练习是用模数化的手法制作一个风格活泼的CD封面。而且手工制作其中的英文字体。目的是学习使用逻辑的方法驱动情感进行设计的方法，全面练习AI操作的多项技巧，尤其是熟悉锚点操作（如图9–1）。

▲ 图9–1

（1）新建一个文件，大小为126cm × 125cm（注意这个尺寸，宽略微比高长一点，并不是真的正方形）。第一步要制作的是英文字体，可以看到英文字体所占的空间是一个高宽比为1:3的矩形。所以先画出1:3的区域，给字体限制一个范围，然后新建一个图层Keane（如图9–2）。

（2）先画出一个矩形，在完成字体之前要一直保留这个形状，这个矩形是这几个英文字母的基本线型，字母中的线型粗细一律是以这个矩形为基准的。然后就开始制作字母K了。K的一竖，直接复制前面画的矩形，K的折线，也先复制这个形状。确保标尺是可见的（可以用“Ctrl+R”来调出标尺），拉出参考线，置于折线的转折处（如图9–3）。

▲ 图9–2

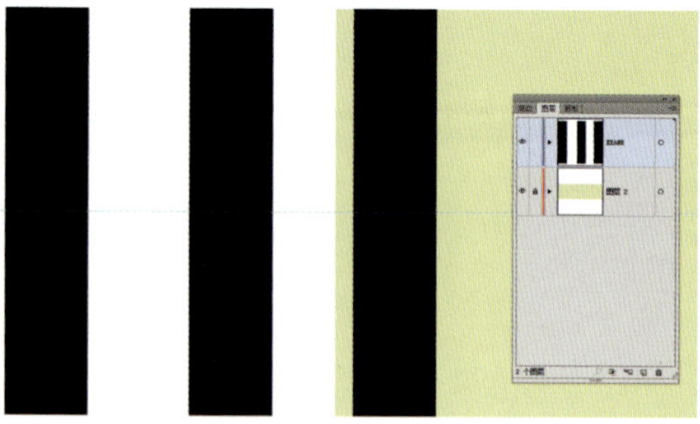

▲ 图9–3

（3）使用“添加锚点”工具，在矩形与参考线交叉处添加锚点，然后用“直接选择”工具，选中一个锚点，按下Shift键，再选另一个锚点（也可以用拉选框的办法一次选中这两个锚点），然后移动锚点，按下Shift键，约束它们，让它们只能水平移动，达到合适的位置，字母K就完成了（如图9–4）。

（4）下面要制作字母A。字母A的斜线有几种做法，可以用“倾斜”工具，也可以同时移动上面两个锚点（如图9–5）。做完一条斜线，复制一份（如图9–6）。

（5）将复制的那份斜线使用右键菜单“变换>对称”命令，让它翻转过来，然后按下“Ctrl+Y”进入线图模式，移动图形，形成字母A顶点上的尖点（如图9-7）。

▲ 图9-4

▲ 图9-5

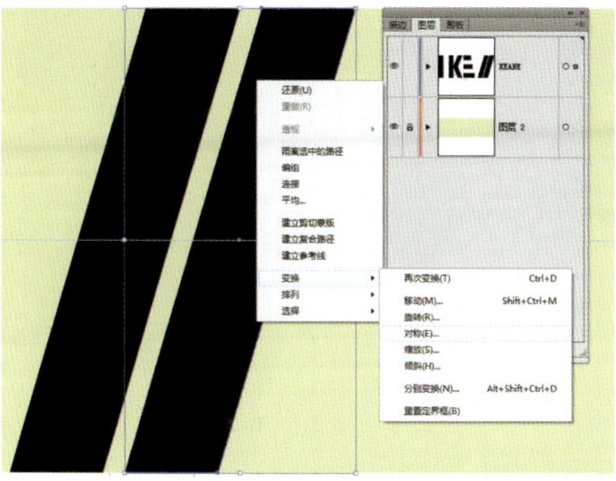

▲ 图9-6

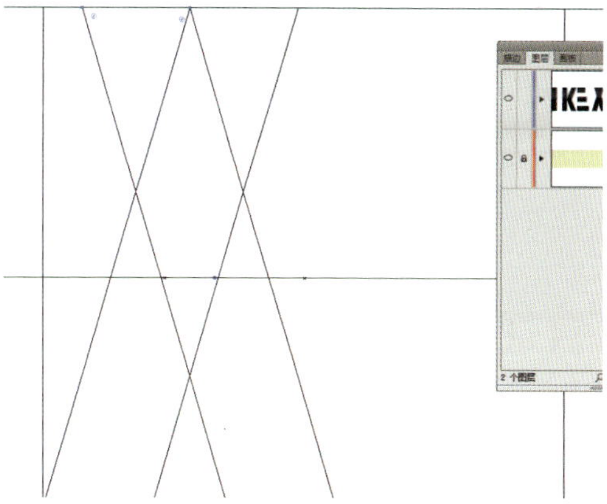

▲ 图9-7

（6）按下“Ctrl+Y”回到预览模式，选中两个倾斜的形状，找到“路径查找器”功能面板，按下“分割”图标，将图形切碎，然后双击图形（经过“路径查找器”的编辑，它变成了一个编组），进入编组的隔离模式，删除无用的部分，字母A就完成了（如图9-8、图9-9）。

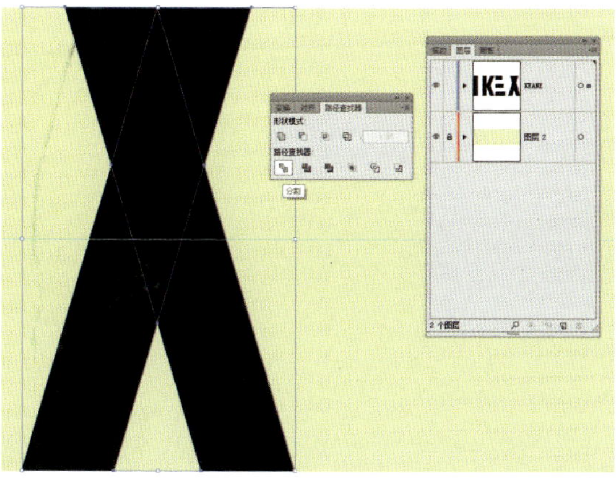

▲ 图9-8

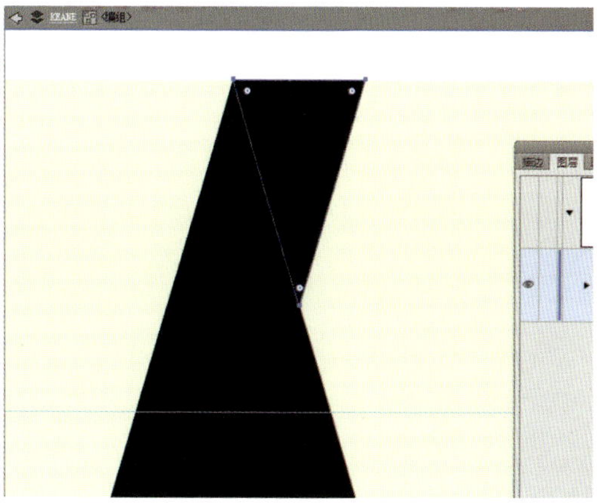

▲ 图9-9

（7）字母N的做法和字母A的做法类似，但更简单，也是倾斜线型，在线图模式下精确地移动。字母E的做法最简单，只要把基本线型横过来，再调整长度就行了，这样英文字母就制作完成了（如图9–10~图9–12）。

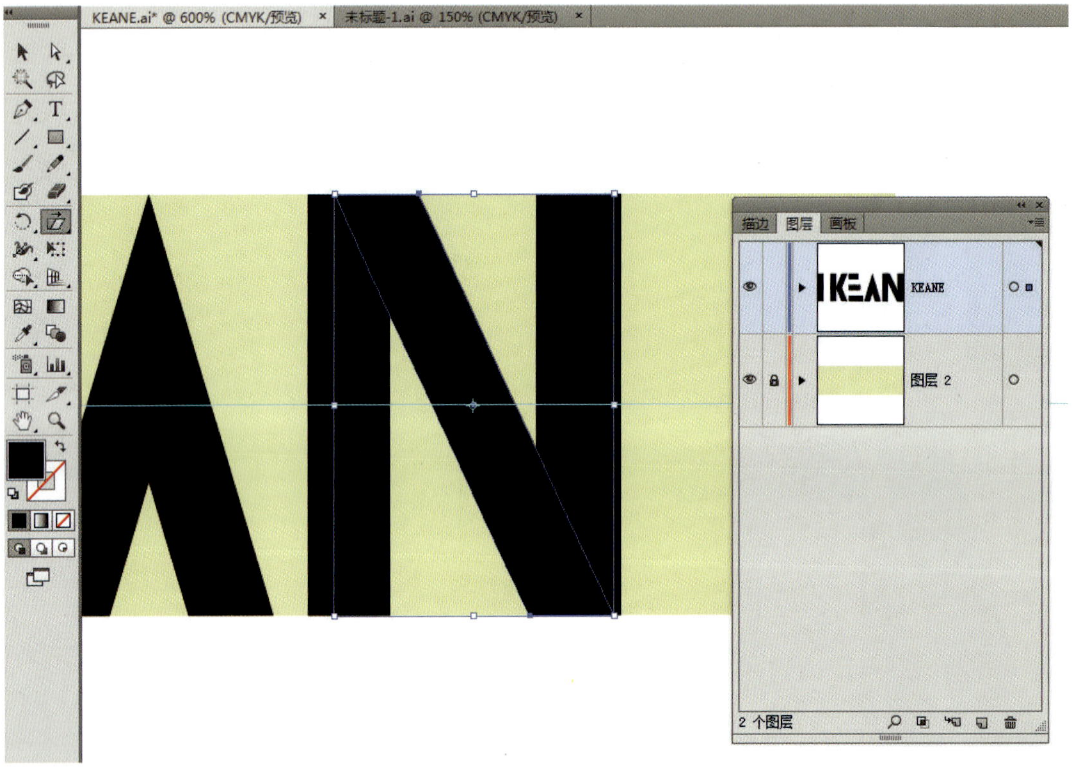

▲ 图9–10

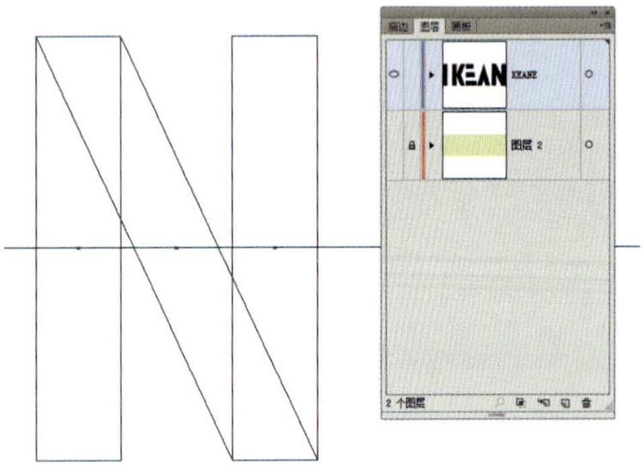

▲ 图9–11

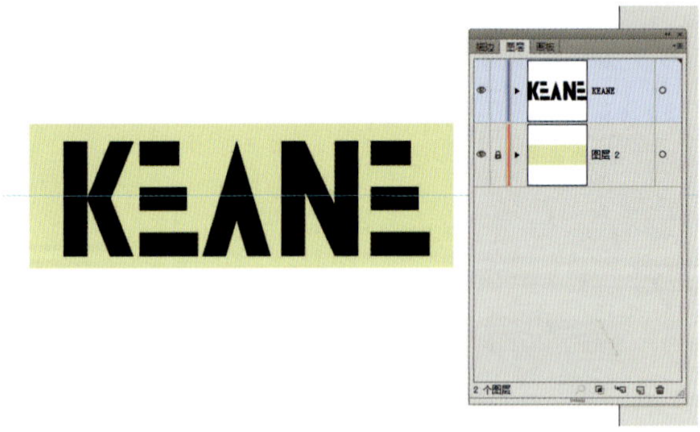

▲ 图9–12

（8）接下来做沿对角线切割的正方形，先做一个正方形，用“变换”功能面板设置它的尺寸（如图9–13），然后按“Ctrl+F”原位复制一个正方形，然后用“删除锚点”工具，去掉被复制的这个正方形的一个顶点，这样它就变成等腰直角三角形了，改变它的颜色以区分它与原来的正方形，这样沿对角线切割的正方形就做好了（如图9–14）。

（9）将这个沿对角线切割的正方形编成一组，然后双击“选择”工具图标，调出“移动”对话框，就可以进行再制了，根据需要一共再制出25个沿对角线切割的正方形（如图9–15、图9–16）。

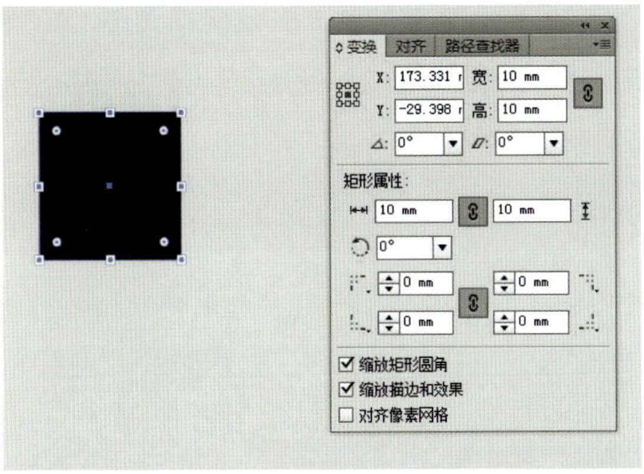

▲ 图9–13

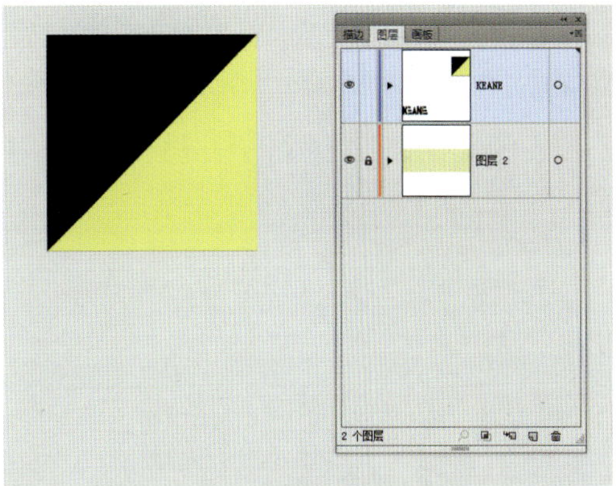

▲ 图9–14

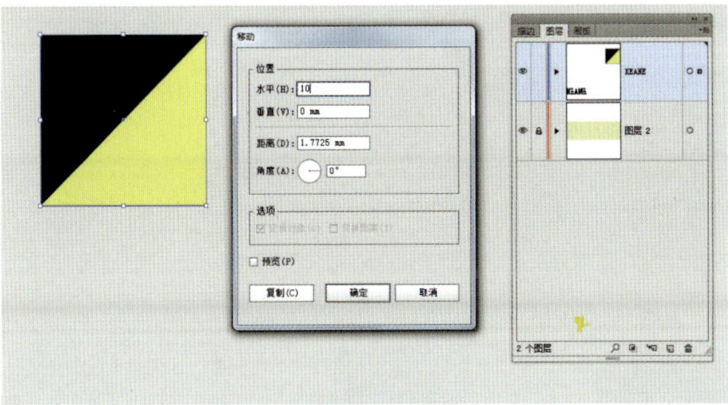

▲ 图9–15

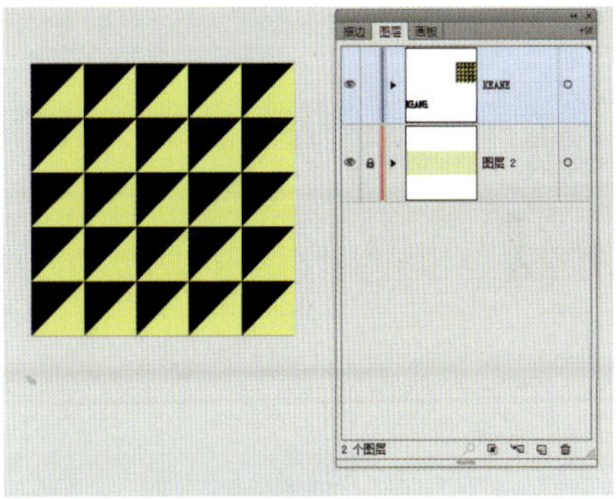

▲ 图9–16

（10）去掉中间的三个正方形，然后根据需要旋转其中一部分正方形（如图9–17）。

（11）先找出所需要的6种颜色，做出色样板，然后用“直接选择”工具，选中需要的颜色，用吸管工具到色样板上吸颜色，完成图案的上色（如图9–18、图9–19）。

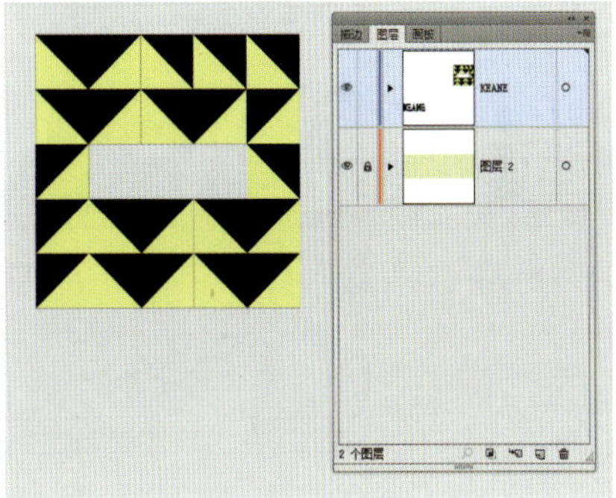

▲ 图9–17

▲ 图9–18

▲ 图9–19

（12）在图案后面添加黑色背景，然后把前面做好的字母放进去，调整大小（如图9–20）。

（13）将图形整体编为一组，调出“变换”功能面板，将尺寸设为126×125cm（如图9–21）。

（14）把图形与画板对齐，删除辅助图形，作品完成（如图9–22）。

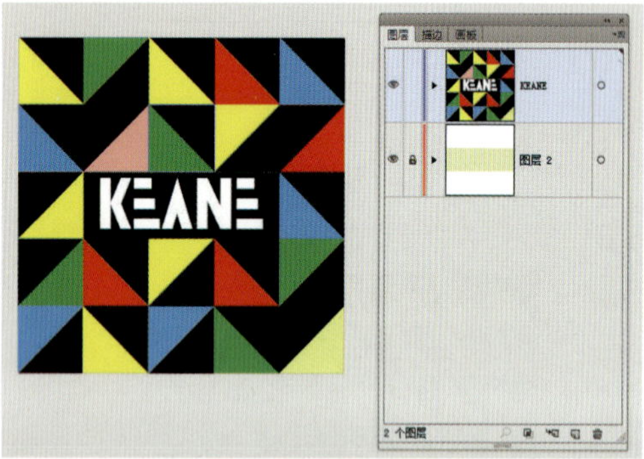

▲ 图9–20

▲ 图9–21

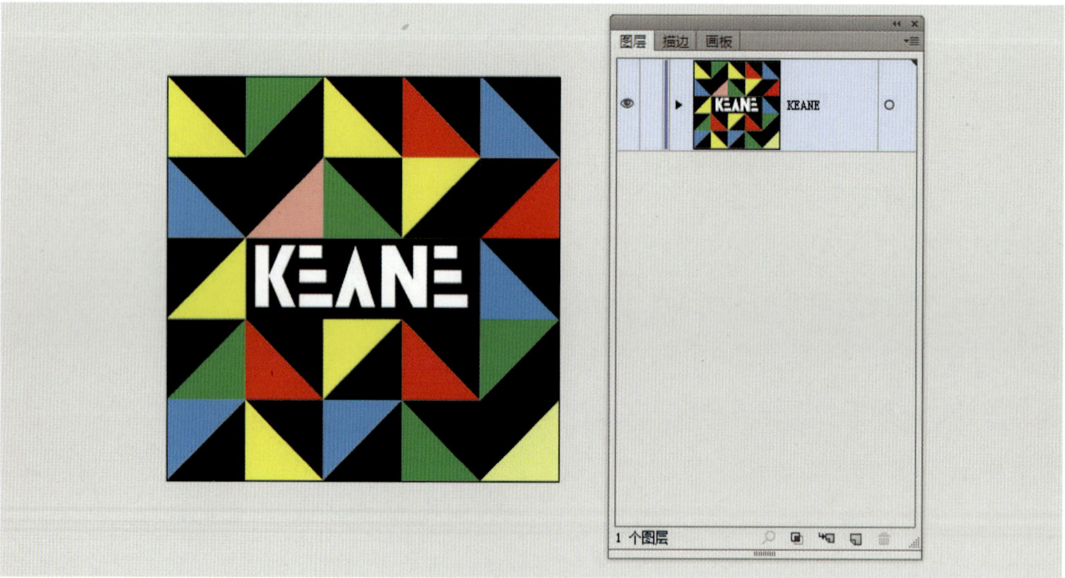

▲ 图9–22

9.2 AI综合实践2：标志系列

边学边练35

标志A的制作。

这个标志由一个圆形加一个圆角的V形构成，而这个V形是由一个经过旋转45° 的圆角正方形变形而来（如图9–23）。

（1）先画四个圆，直径分别是36cm、29cm、18cm、11cm（如图9-24）。

▲ 图9-23

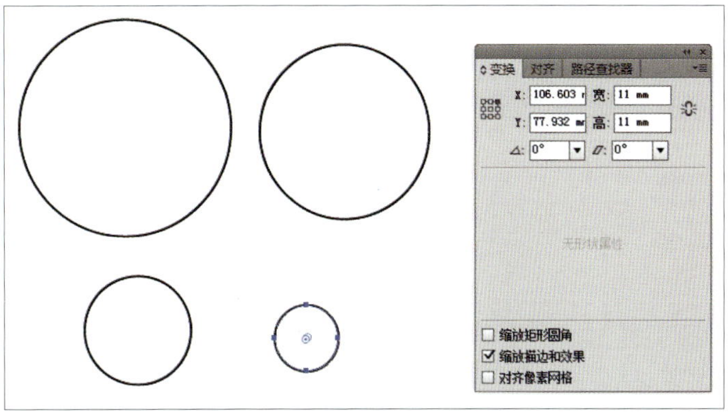

▲ 图9-24

（2）调出“对齐”功能面板，分别让两个大圆和两个小圆水平与垂直都居中对齐，形成两个圆环，分别使用菜单命令“对象>复合路径>建立”（快捷键为“Ctrl+8”），将两个圆环都合成复合路径（如图9-25）。

（3）将大小两个圆环垂直居中对齐，打开“视图”菜单，确保“智能参考线”一项处于选中状态，使用“选择”工具，按下Shift键，将小环的上端与大环内圆的上端平齐（如图9-26）。

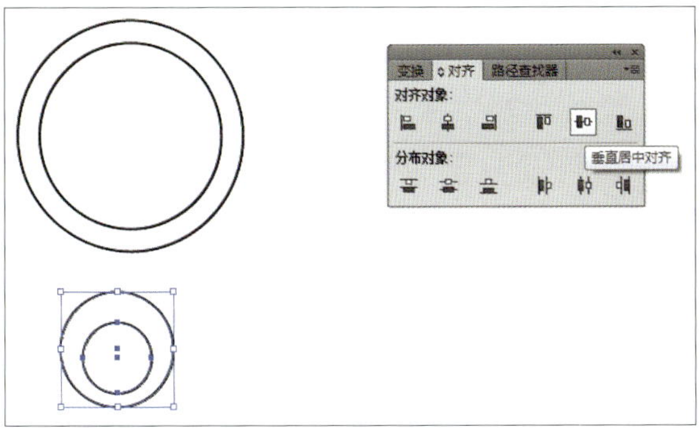

▲ 图9-25

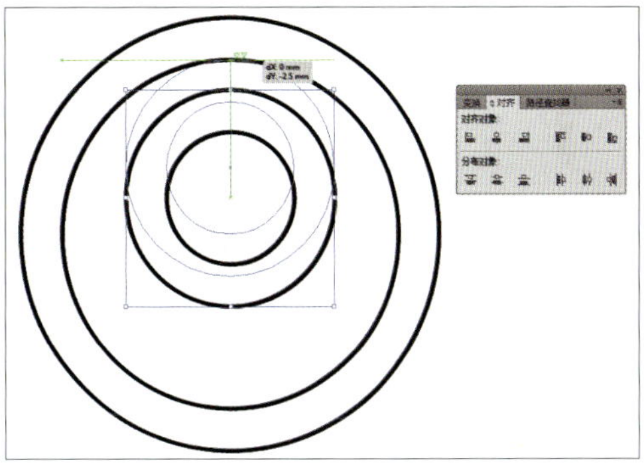

▲ 图9-26

（4）画出两个正方形，边长分别是30cm、23cm（如图9-27）。

（5）将这两个正方形水平与垂直均居中对齐，按下“Ctrl+8”建立复合路径，然后旋转45°，形成一个菱形的环（如图9-28）。

（6）将菱形的环与两个圆环垂直居中对齐，按下“Ctrl+Y”，进入线图模式，移动菱形环，让

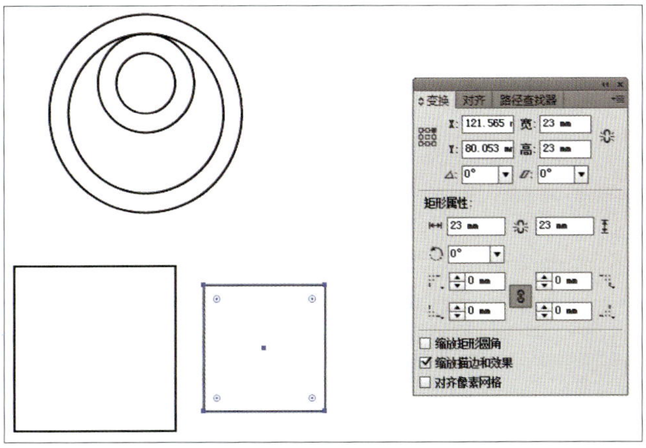

▲ 图9-27

它的下端的线与小圆环相切（如图9–29）。

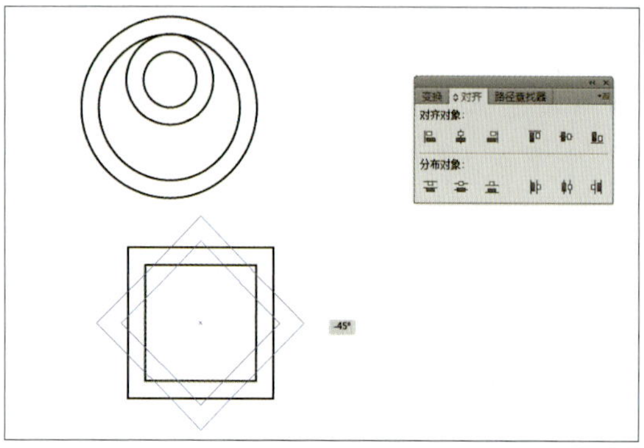

▲ 图9–28

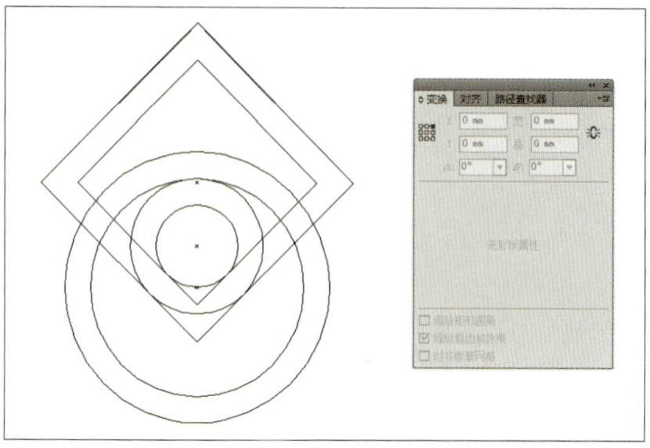

▲ 图9–29

（7）用“直接选择”工具选中菱形下部的一个锚点，点击圆角控制点，将尖角拉为圆角，并且与圆环中相应的线重合（如图9–30）。

（8）把两个尖角均转化为合适大小的圆角后，再按“Ctrl+Y”回到预览状态（如图9–31）。

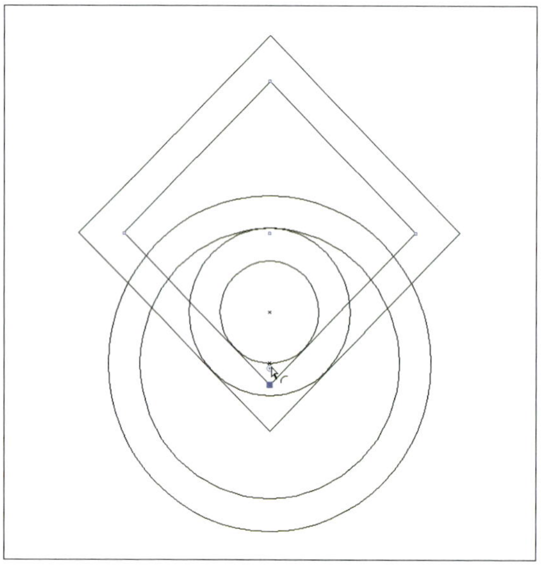

▲ 图9–30

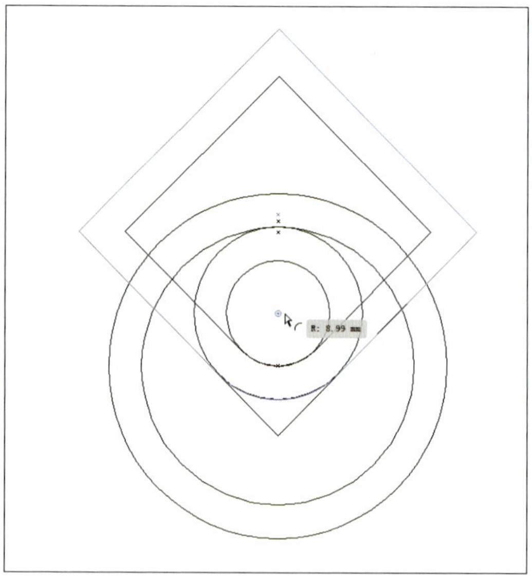

▲ 图9–31

（9）删除小圆环，然后选中所有内容，调出“路径查找器”功能面板，点击“分割”选项，将图形切开（如图9–32）。

（10）小心地选中形状，并且给它填上正确的颜色，然后先后按下“Ctrl+C”“Ctrl+V”将其粘贴到另一个位置。删除多余的内容，整理形状，让同一个颜色被切成若干块的合并为一个形状，最后“Ctrl+G”编组，完成标志绘制（如图9–33）。

这个方法不是唯一的方法，想一想，可不可以用稍微粗些的描边代替本例中的圆环来进行处理，会不会让操作简单一些？

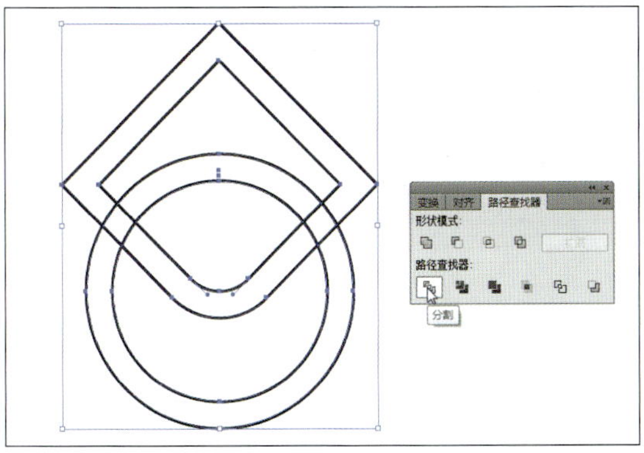

▲ 图9-32

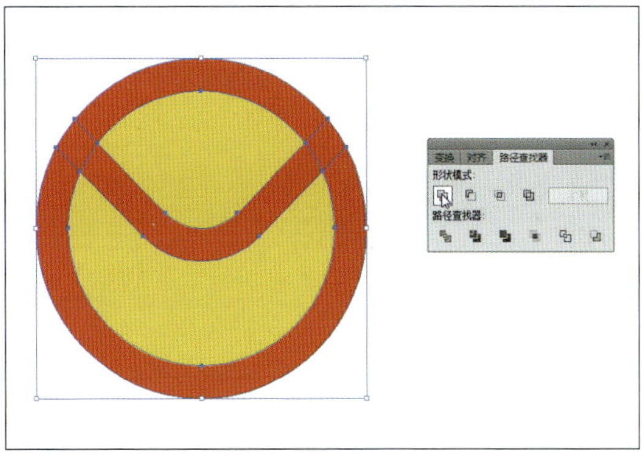

▲ 图9-33

边学边练36

标志B的制作。

这个标志的形态主要是由加了圆角的六边形和若干菱形或者不完整的菱形构成（如图9-34）。

（1）用“多边形”工具，设置边数为6，做出一个正六边形（如图9-35）。

▲ 图9-34

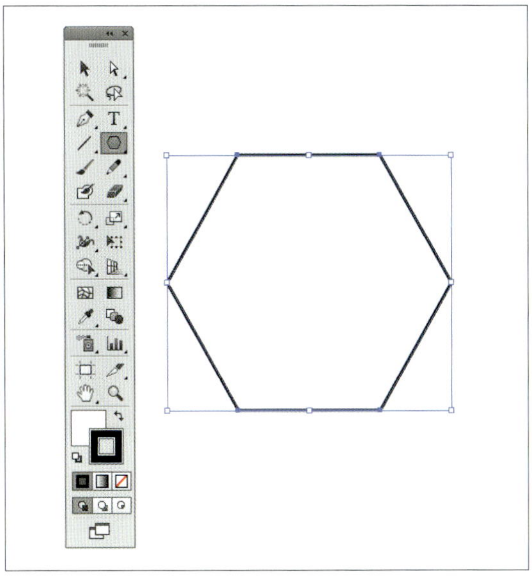

▲ 图9-35

（2）将这个六边形旋转90°，然后使用“直接选择”工具，调整圆角调节点，给这个六边形加上少许圆角（如图9-36）。

（3）画出一个正方形，并旋转45°，形成一个菱形（如图9-37）。

（4）使用“比例缩放”工具，按下Shift键，将这个菱形挤变形，变得瘦长（如图9-38）。

（5）将菱形与六边形垂直居中对齐（如图9-39）。

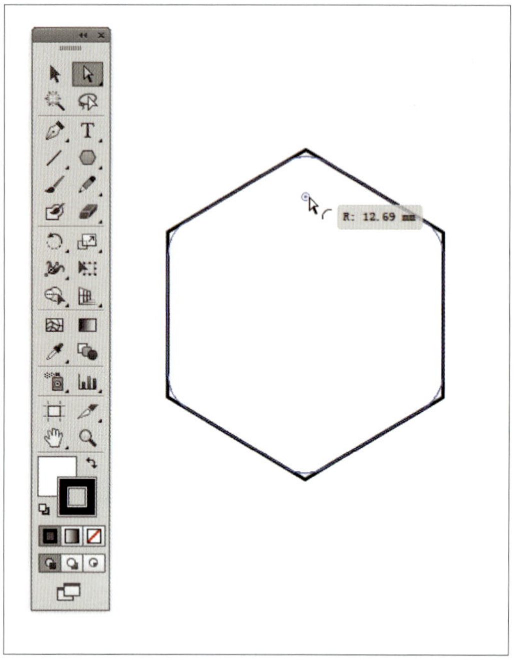

▲ 图9–36

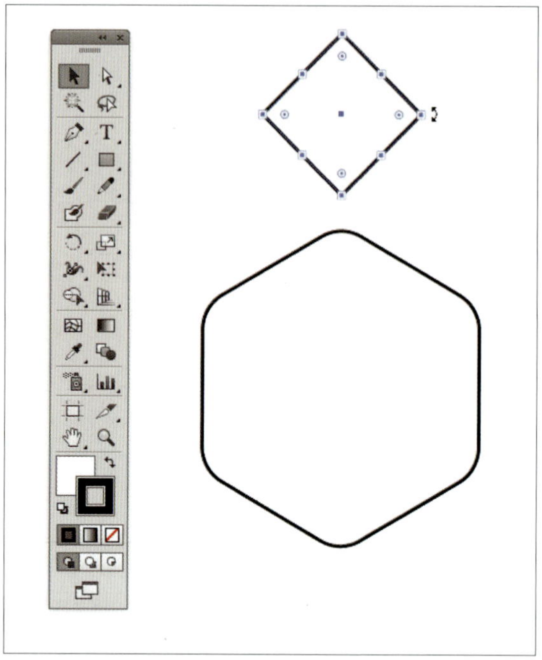

▲ 图9–37

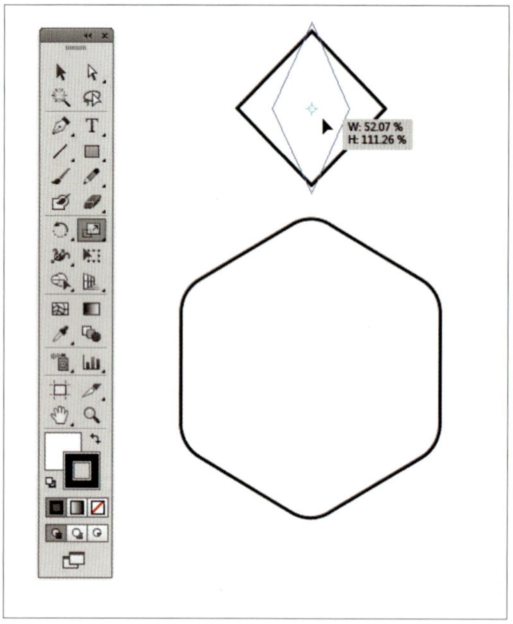

▲ 图9–38

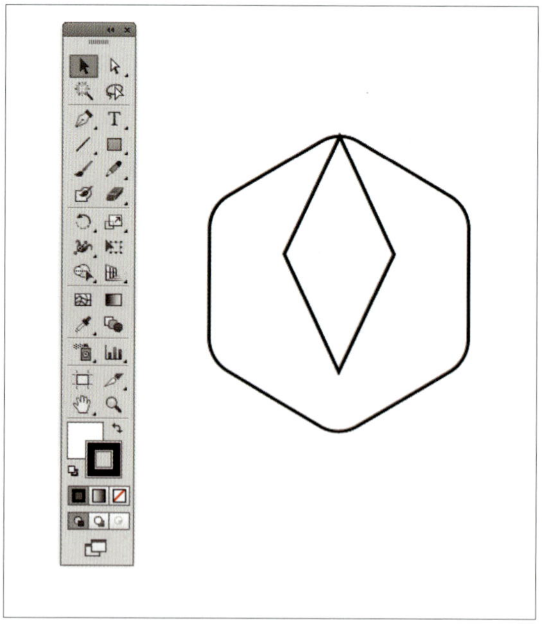

▲ 图9–39

（6）复制菱形并缩小，与大的菱形左对齐。 用类似的方法，做出右边的小菱形。然后连线将两个小菱形连接起来（如图9–40）。

（7）用“直接选择”工具选中大菱形顶部的锚点，并删除它，这样这个标志的基本外形就画完了（如图9–41）。

（8）调整比例、线形的粗细、相互间的位置关系这些细节，达到要求后，使用菜单命令“对象>路径>轮廓化描边”，将路径转变为轮廓，完成标志B的绘制（如图9–42）。

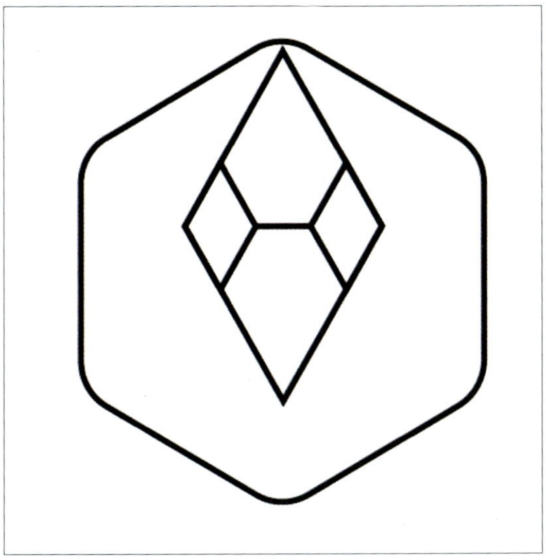

▲ 图9-40

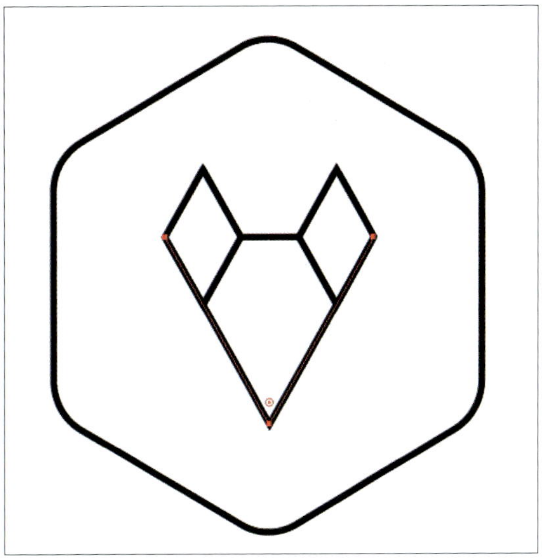

▲ 图9-41

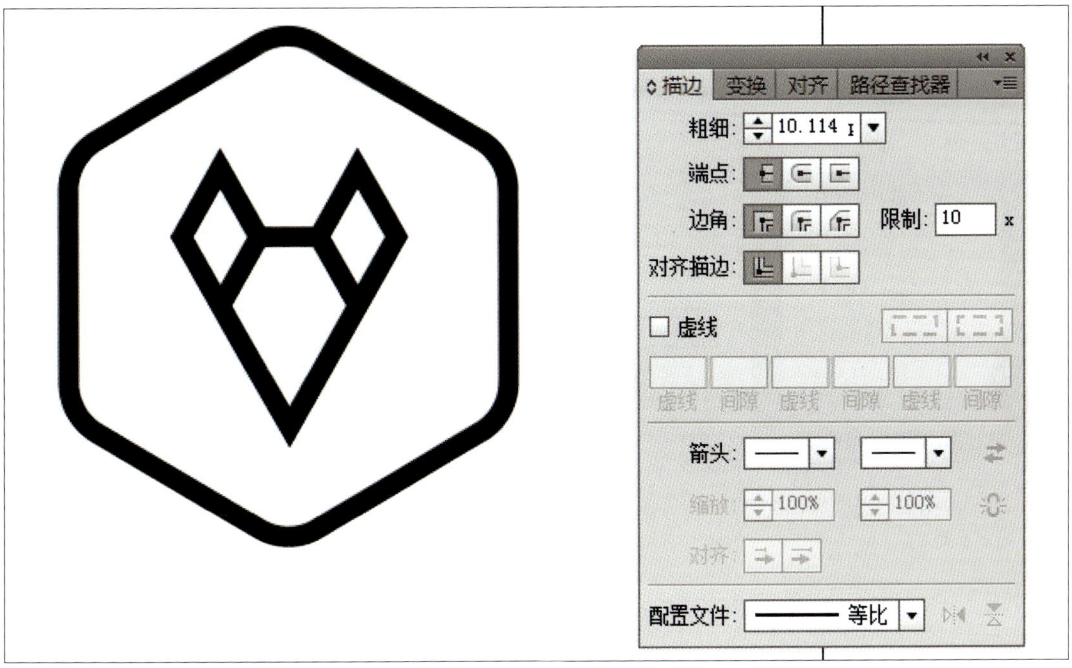

▲ 图9-42

边学边练37

标志C的制作。

首先来分析这个标志，它是由三个旋转45°的正方形嵌套而成，中间的空白部分与填色部分应是等宽的。计算好各部分的尺寸再来绘制，这样既简便又精确（如图9-43）。

（1）新建一个文件，执行菜单命令“编辑>首选项>单位”，把“常规”与“描边”的单位都设为“点”。描边的单位必须用点，而常规的单位一般用厘米或者毫米，本例这样做的目的是统一单位方便计算（如图9-44）。

▲ 图9–43

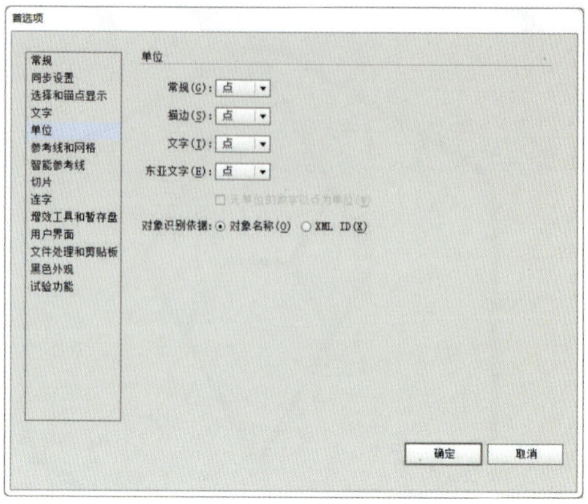

▲ 图9–44

（2）使用“矩形”工具，画出一个40×40pt（pt就是点）大小的正方形，并设置其描边为5pt（如图9–45）。

（3）用“选择”工具选中这个正方形，双击“选择”工具的图标，调出“移动”对话框，设置水平与垂直均为10pt，点“复制”（如图9–46）。

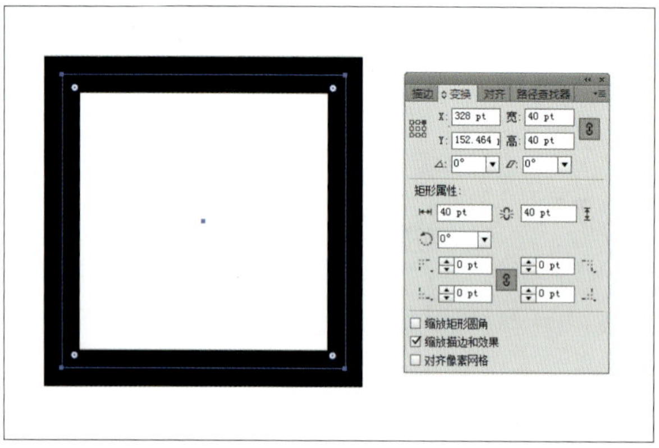

▲ 图9–45

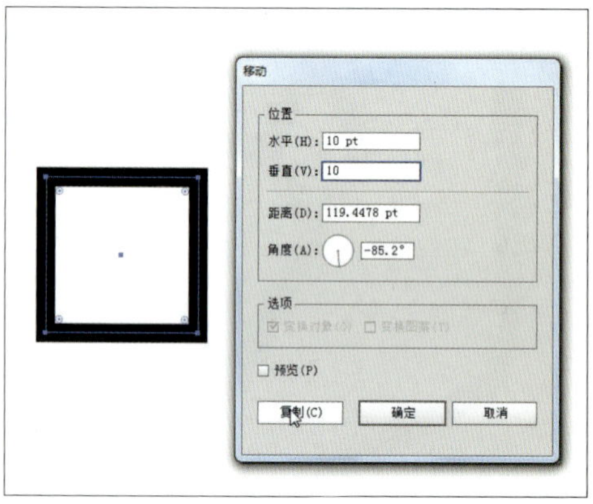

▲ 图9–46

（4）使用“Ctrl+D”快速再制，一共完成3个正方形（如图9–47）。

（5）选中最上面的正方形，调出“移动”对话框，设置水平与垂直均为–5pt，点“复制”（如图9–48）。

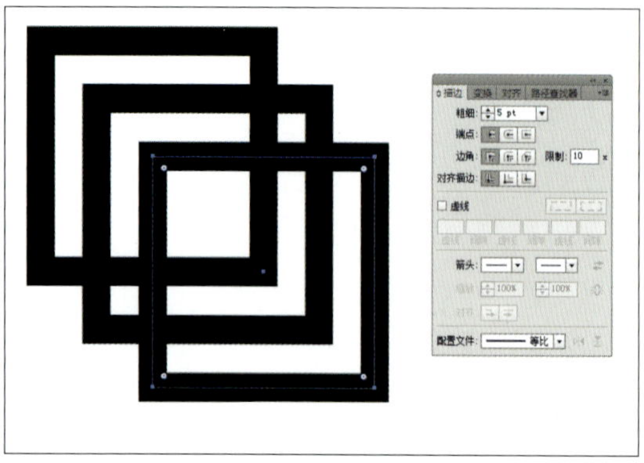

▲ 图9–47

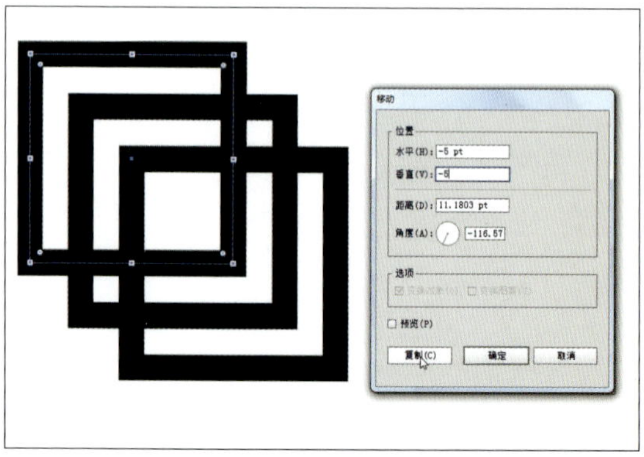

▲ 图9–48

（6）用类似的方法将最下面的正方形再制到自身的右下方，移动数据为5pt，改变新再制的两个正方形的描边颜色为绿色（如图9–49）。

（7）选中全部形状，双击“旋转”工具图标，调出“旋转”对话框，让它们共同旋转45°（如图9–50）。

▲ 图9–49

▲ 图9–50

（8）使用“直接选择”工具，选择要变为圆角的4个锚点，在控制栏上找到“边角”项，设为5pt，按下回车键确定（如图9–51）。

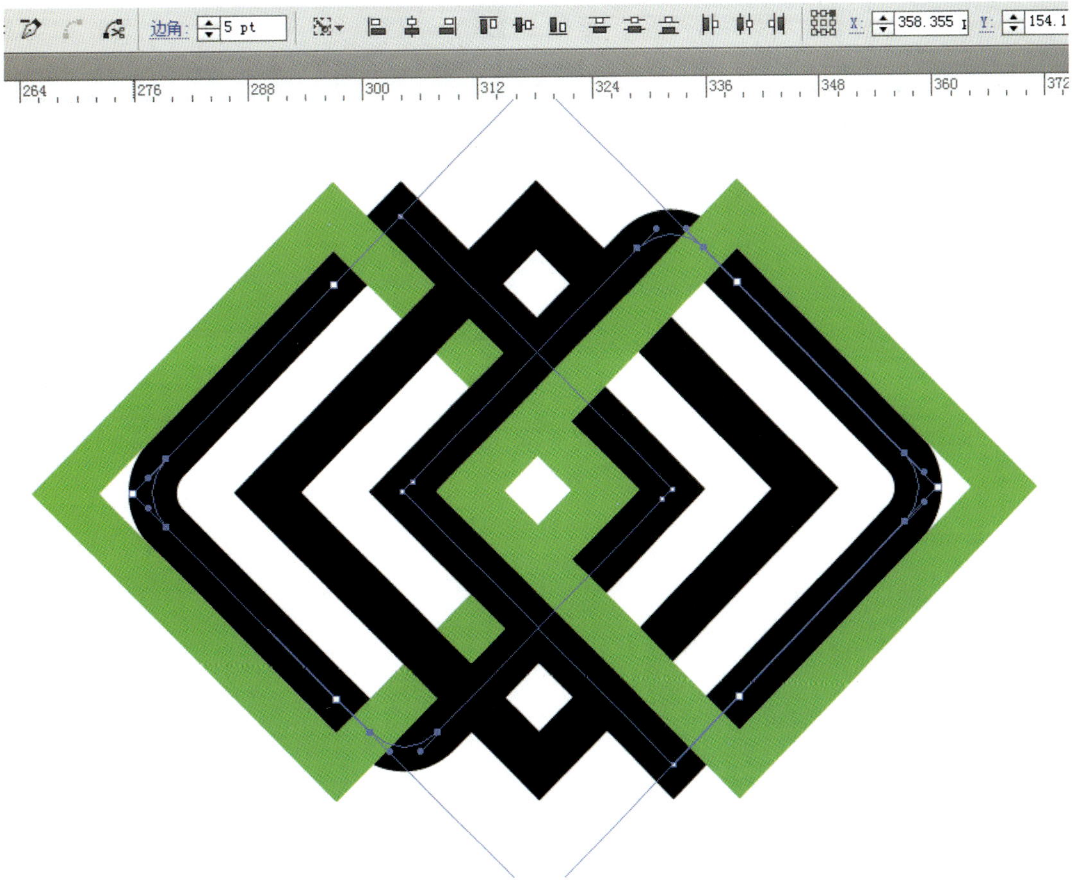

▲ 图9–51

（9）打开“视图”菜单，确保“智能参考线”和“对齐点”两项处于选中状态。选中绿色的两个形状，执行菜单命令“对象>路径>轮廓化描边”，将路径转变为轮廓（如图9–52）。

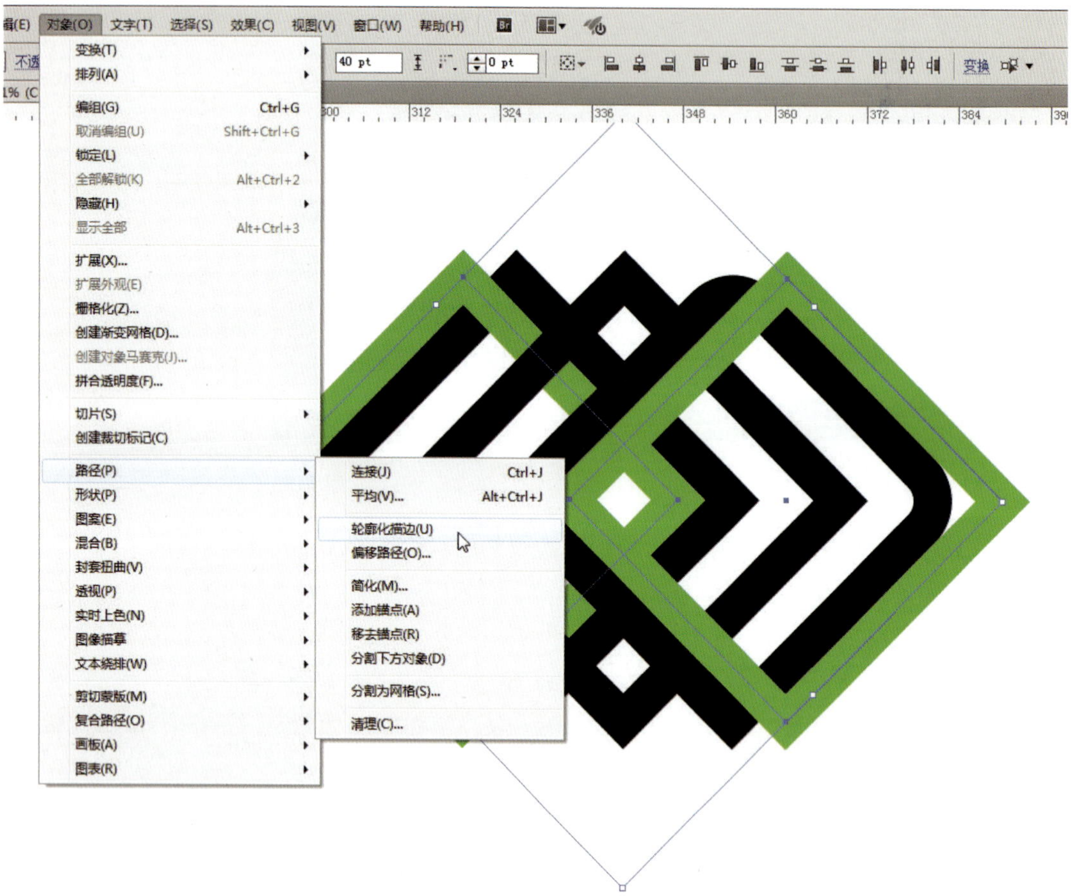

▲ 图9–52

（10）使用“选择”工具，双击左边第一个黑色的形状，进入隔离模式，使用“添加锚点”工具，准备在合适的位置添加锚点（如图9–53）。

（11）按下“Ctrl+Y”，进行线图模式，精确定位添加锚点的位置，在图中标示红圈的位置上各添加一个锚点（如图9–54）。

▲ 图9–53

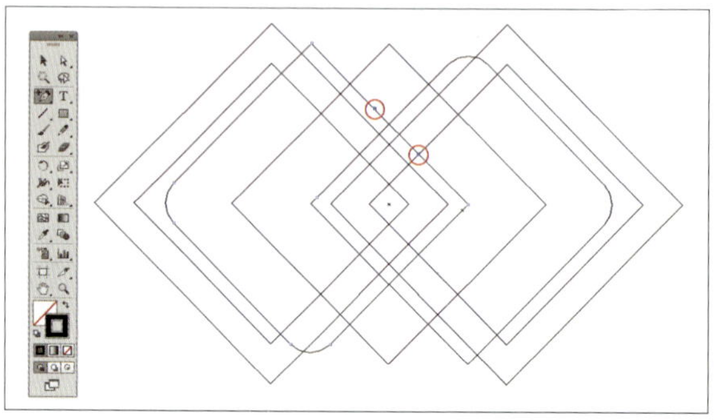

▲ 图9–54

（12）删除中间的锚点，去除多余的线形（如图9–55）。

（13）用相似的方法，修改好其他的线形（如图9–56）。

▲ 图9–55

▲ 图9–56

（14）删除绿色形状，在标尺可见的情况下（可以用“Ctrl+R”调出），用标尺在现有形状的上下各拉一条参考线，分别与上下两个圆角相切（如图9–57）。

（15）用“直接选择”工具，选中上方的两个锚点，按下Shift键向45°角方向移动这两个锚点，拉长线条，让它在整体上超出参考线（如图9–58）。

▲ 图9–57

▲ 图9–58

（16）下面的图形也用类似的方式操作，然后选中所有线条，执行菜单命令“对象>路径>轮廓化描边”，将所有的线条转换为轮廓。然后，沿参考线在上面和下面各画一个黄色矩形，用于切除多余的部分（如图9–59）。

▲ 图9–59

（17）将黑色形状全部选中，按下“Ctrl+8”，将它们合成一个复合路径。调出“路径查找器”功能面板，全部选中黑色与黄色的图形，按下Alt键，点击“减去顶层”图标（如图9–60）。

（18）点击“扩展”，完成标志绘制（如图9–61）。

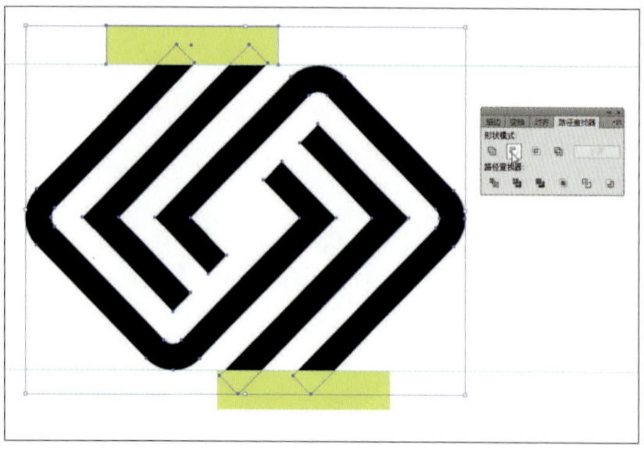

▲ 图9-60

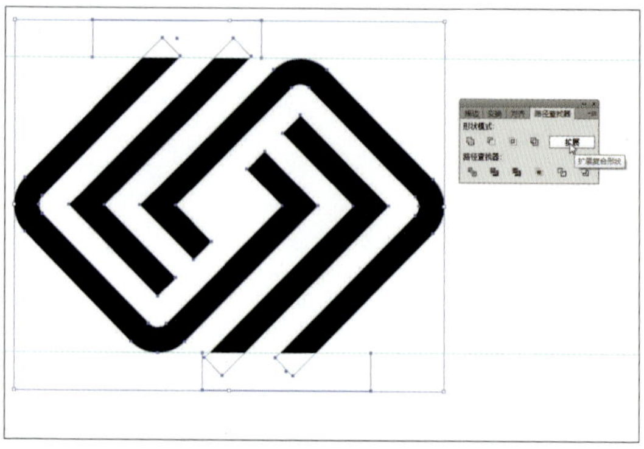

▲ 图9-61

9.3 AI综合实践3：图标及其延伸

边学边练38

这个练习是从一个黑白图标开始，将这一图标进行延伸，涉及图形形状的变化和再创作、图形与肌理关系的处理，以及图形的空间关系的创造等方面的内容（如图9-62）。

▲ 图9-62

（1）开始创作时要把这个低分辨率的点阵图图标重画成一个精确的矢量图形。这个过程的方法有很多种，而且步骤很多，这里仅仅讲一讲方法和要点。勾画这一矢量图，首先要分析图形，数一数图形需要几个层次才能完成。可以看到这个图形可以分为4个层次（如图9-63）。然后要进行局部分析，找一找图形之间的关系，比如同心圆关系（如图9-64）。另外，这明显是一个基本对称的图形，除了镜片反光之外，其他要素都是完全对称的，用镜像的办法画对称图形，既节省工作量，又能保证图形的严谨。画完之后，将图形复合路径，完成图标制作（如图9-65）。

▲ 图9-63

▲ 图9-64

▲ 图9-65

（2）接下来可以将PS里制作的肌理，或者素材肌理置入到AI当中，然后使用剪切蒙版，将纹理粘入矢量图形（如图9-66）。

（3）复制或局部复制图形，改变色彩模式或者线形，制造小幅度的错位。这时，丰富又统一的图形就设计出来了（如图9-67）。

（4）还可以将矢量图片导入PS进行进一步的光影和肌理处理（如图9-68）。

▲ 图9-66

▲ 图9-67

▲ 图9-68

9.4 AI综合实践4：版面设计

边学边练39

本例是一幅使用点阵图、几何图形、几何图形的排列、图标、文字共同构成的版面设计。这样的作品的设计过程往往伴随着较大的调整，设计与制作的过程经常是一体的，最初的素材只有一张图片（如图9–69）。

（1）创建一个A4大小的横向文件“跳舞.ai”（如图9–70）。

▲ 图9–69

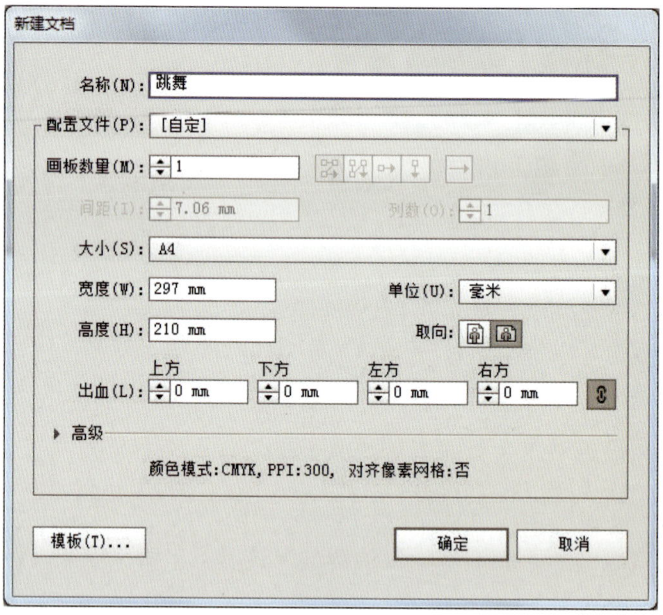

▲ 图9–70

（2）置入素材图片，由于人物照片中没有发丝，本例可以考虑使用AI的路径工具结合剪切蒙版来抠图，而且用路径抠图的好处是，抠图路径本身可以作为一个设计素材来使用（如图9–71）。

（3）创建一个新图层来画路径，锁定素材图片图层，以防误操作移动了位置（如图9–72）。

▲ 图9–71

▲ 图9–72

（4）使用“钢笔”工具，打开“描边”功能面板，将描边设为极细的0.1pt，不要填充。这样就方便进行抠图操作了（如图9-73~图9-75）。

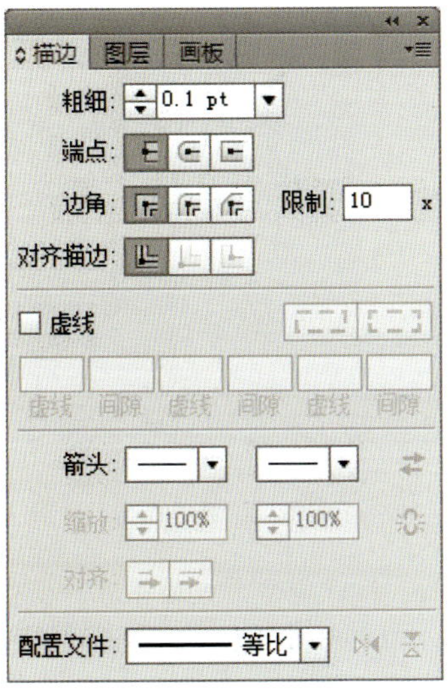

▲ 图9-73

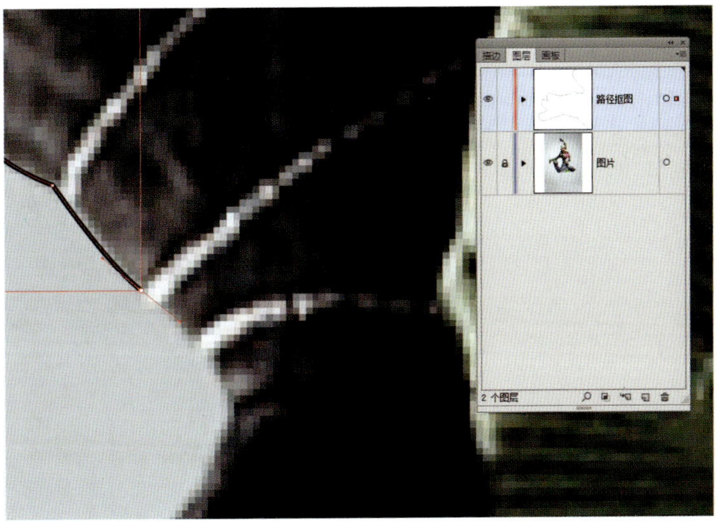

▲ 图9-74

▲ 图9-75

（5）复制一份路径，用其中一个制作剪切蒙版，完成抠图，另一份备用（如图9-76）。

（6）使用“移动”对话框，再制出圆点的队列（如图9-77）。

▲ 图9-76

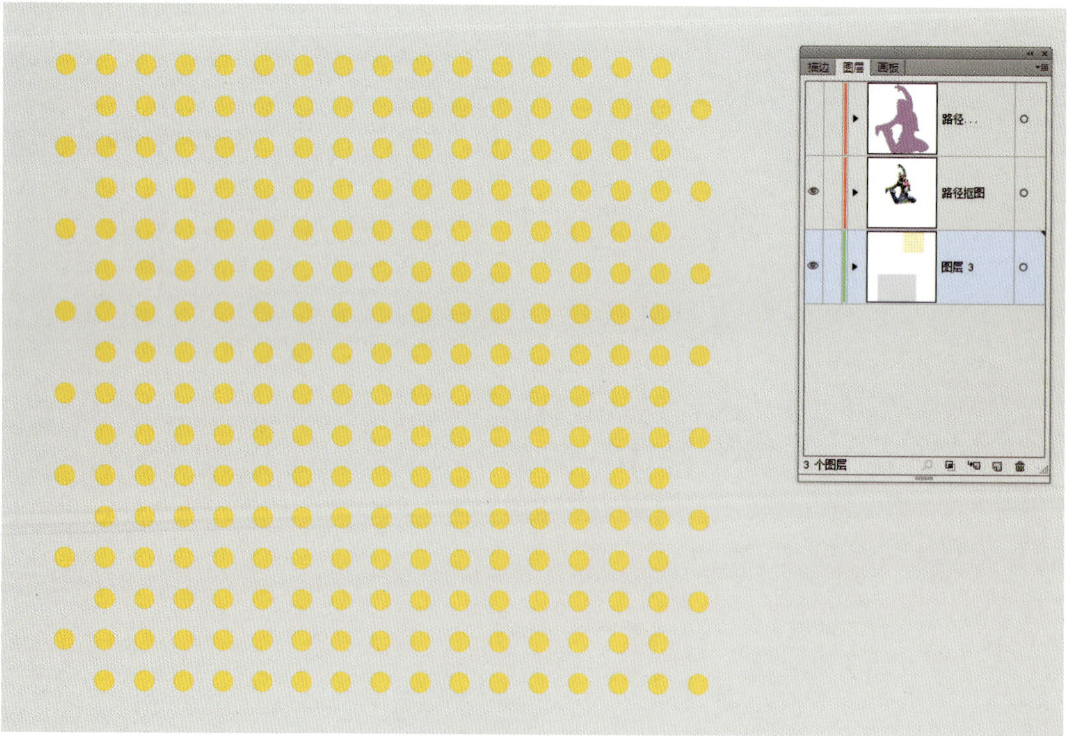

▲ 图9-77

（7）在圆点队列后面衬上一个辅助的圆形，然后依照圆形，删除这个圆外面的小圆点，之后删除用来辅助的圆形（如图9-78~图9-81）。

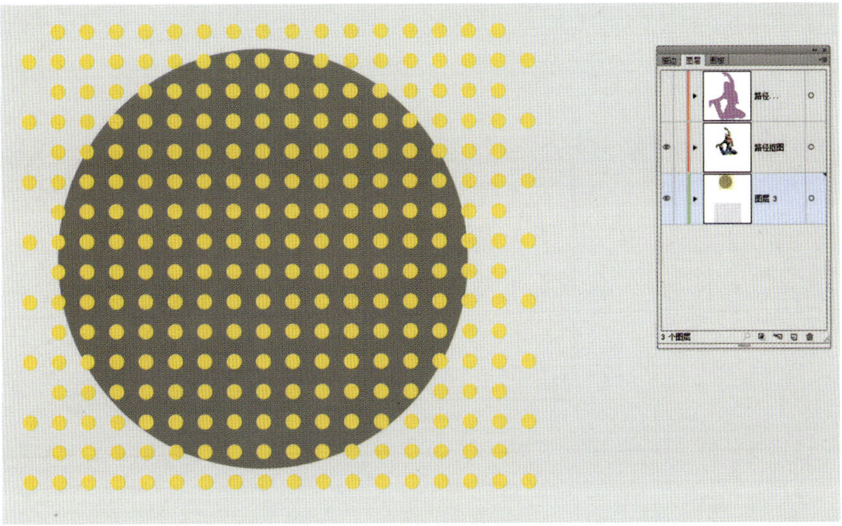

▲ 图9-78

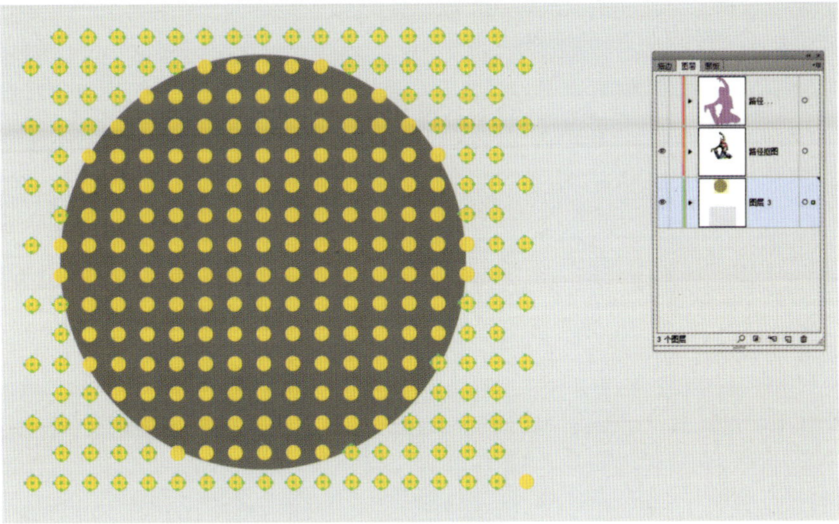

▲ 图9-79

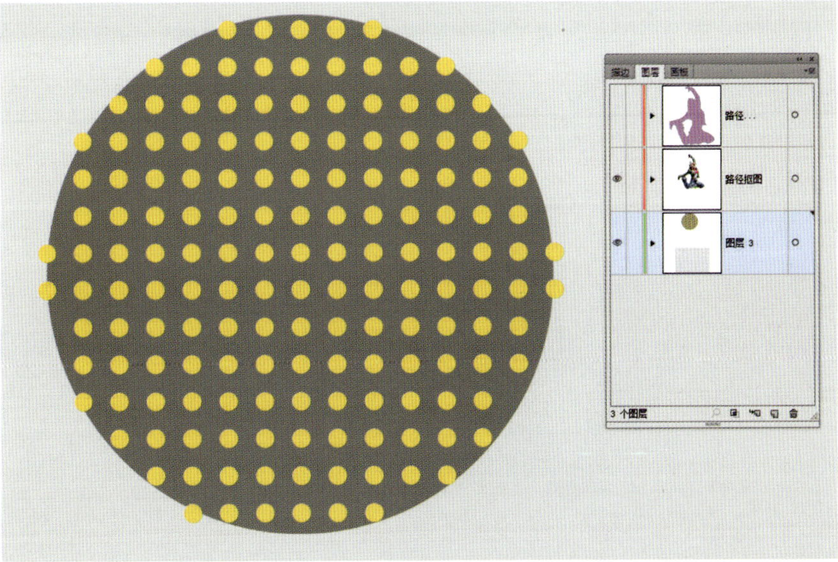

▲ 图9-80

（8）将圆形的圆点队列编成一组，放置在画面上合适的位置上，调整色彩与大小（如图9-82）。

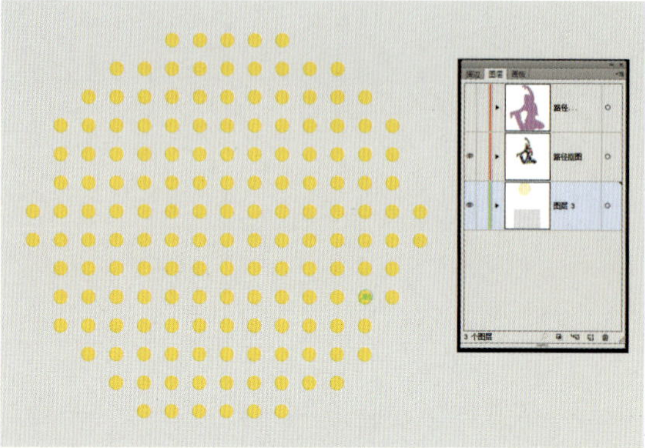

▲ 图9-81

▲ 图9-82

（9）画一个正方形，用“删除锚点”工具，让它变成一个等腰直角三角形，放置在画面上合适的位置（如图9-83、图9-84）。

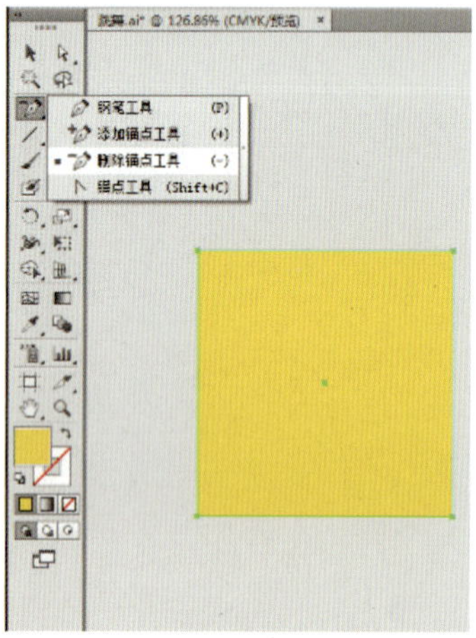

▲ 图9-83

▲ 图9-84

（10）使用刚刚画的路径，可以给它填充颜色，也可以仅仅用它的线型，多复制几份，并且进行缩放、旋转、镜像等操作（如图9-85）。

▲ 图9-85

（11）用“钢笔”工具画一条直线，然后执行菜单命令“效果>扭曲和变换>波纹效果”，调出“波纹效果”对话框，制作一条波纹（如图9-86、图9-87）。

（12）反复斟酌画面的布局，在统一性中寻找多样性，经过不断地调整，一个丰富的版面就设计出来了（如图9-88）。

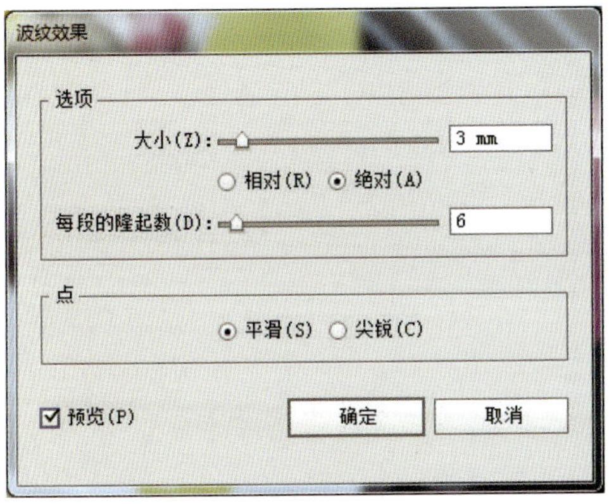

▲ 图9-86

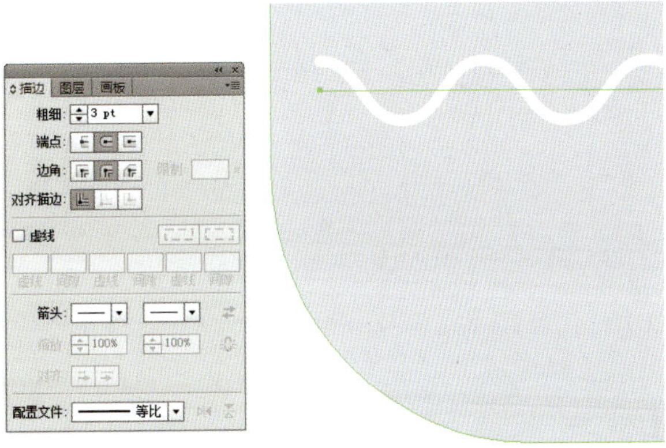

▲ 图9-87

▲ 图9-88

参考文献

[1]Adobe公司. Adobe Photoshop CC经典教程[M]. 侯卫蔚，巩亚萍，译. 人民邮电出版社，2015.

[2]曾宽，潘擎. 抠图+修图+调色+合成+特效Photoshop核心应用5项修炼[M]. 人民邮电出版社，2013.

[3]Adobe公司. Adobe Illustrator CC经典教程[M]. 牛国庆，译. 人民邮电出版社，2014.

[4]斯得渥. The Adobe Illustrator CS6/CC WOW!book[M]. 夏志玲，张钰，译. 中国青年出版社，2015.

[5]章毓晋. 图像处理和分析教程[M]. 人民邮电出版社，2016.

[6]萨马拉. 平面设计中的绘画、构成、色彩与空间样式[M]. 刘雪芹，韦锦泽，译. 广西美术出版社，2014.

[7]奥博斯科编辑部. 配色设计原理[M]. 暴凤明，译. 中国青年出版社，2009.

[8]韦格. 平面设计完全手册[M]. 张影，译. 北京科学技术出版社，2015.

[9]佐佐木刚士. 版式设计原理[M]. 武湛，译. 中国青年出版社，2007.